高职高专项目式实践类系列教材

高等数学实验

主　编　张静文
副主编　褚丽娜　海敏娟　吴　杰　夏久林
　　　　杨德山　徐健清　吴琳琳
主　审　罗明奎

西安电子科技大学出版社

内容简介

“高等数学实验”是运用数学知识解决、解释现实问题的一门课程。本书以任务的形式结合学生所学的专业，利用软件将函数极限、导数、微积分等问题巧妙地融入。本书主要包含四个项目(函数图形绘制实验、函数极限及导数实验、积分实验、常微分方程实验)，每一个项目都能让学生充分认识到高等数学学习对专业发展和应用的重要性。

本书适用于高职院校的大一新生。学生在学习高等数学课程的同时，结合本书的学习，在创新能力、自学能力、发散性思维能力方面都能得到一定的提高，为今后工作中“学以致用”打下良好的基础。

图书在版编目(CIP)数据

高等数学实验/张静文主编. —西安：西安电子科技大学出版社，2020.7

ISBN 978-7-5606-5719-6

Ⅰ. ① 高… Ⅱ. ① 张… Ⅲ. ① 高等数学—应用软件—高等职业教育—教材

Ⅳ. ① O245

中国版本图书馆 CIP 数据核字(2020)第 091320 号

策划编辑 万晶晶

责任编辑 张 玮

出版发行 西安电子科技大学出版社(西安市太白南路 2 号)

电 话 (029)88242885 88201467 邮 编 710071

网 址 www.xduph.com 电子邮箱 xdupfxb001@163.com

经 销 新华书店

印刷单位 陕西日报社

版 次 2020 年 7 月第 1 版 2020 年 7 月第 1 次印刷

开 本 787 毫米×1092 毫米 1/16 印张 6.25

字 数 129 千字

印 数 1～2000 册

定 价 18.00 元

ISBN 978-7-5606-5719-6/O

XDUP 6021001-1

序

“高职高专项目式实践类系列教材”是在贯彻落实《国家职业教育改革实施方案》(简称“职教20条”)文件精神，推动职业教育大改革、大发展的背景下，结合职业教育“以能力为本位”的指导思想，以服务建设现代化经济体系为目标而组织编写的。在新经济、新业态、新模式、新产业迅猛发展的高要求下，本系列教材以现代学徒制教学为导向，以“1＋X”证书结合为抓手，对接企业、行业岗位要求，围绕“素质为先、能力为本”的培养目标构建教材内容体系，实现“以知识体系为中心”到“以能力达标为中心”的转变，开展人才培养的实践教学。

本系列教材编审委员会于2019年6月在重庆召开了教材编写工作会议，确定了此系列教材的名称、大纲体例、主编及参编人员(含企业、行业专家)等主要事项，决定由重庆科创职业学院为组织方，聘请高职院校的资深教授和企业、行业专家组成教材编写组及审核组，确定每本教材的主编及主审，有序推进教材的编写及审核工作，确保教材质量。

本系列教材坚持理论知识够用，技能实战相结合，内容上突出实训教学的特点，采用项目制编写，并注重教学情境设计、教学考核与评价，强化训练目标，具有原创性。经过组织方、编审组、出版方的共同努力，希望本套“高职高专项目式实践类系列教材”能为培养高素质、高技能、高水平的技术应用型人才发挥更大的推动作用。

高职高专项目式实践类系列教材编审委员会

2019年10月

高职高专项目式实践类系列教材

编审委员会

前　言

本书是在贯彻落实《国家职业教育改革实施方案》(简称“职教20条”)文件精神，推动职业教育大改革大发展的背景下，作为《高等数学》教材的辅助教材，以数学建模的典型实例项目为载体，把数学知识、数学软件和计算机应用有机地结合在一起，统筹编写而成的。

本书在内容的编排上遵循学习规律，注重循序渐进，由浅入深地引导学生进行实验，而且每个实验都注重培养学生创造性思维能力和自学能力。我们的目标是：既为学生提供发现问题的线索和研究的阶梯，也注意发挥学生的自由度，为学生留下思考、探索的空间。

本书的全部实验均选用MATLAB数学软件加以实现，并且附加了MATLAB的初步知识。通过学习，学生对MATLAB软件有一个初步的了解，为今后进行数学建模竞赛和研究打下基础。

本书由张静文担任主编，并编写项目四及负责全书统稿工作。杨德山和吴琳琳(企业工程师)负责编写项目一，夏久林、徐健清和褚丽娜负责编写项目二，海敏娟和吴杰负责编写项目三。罗明奎担任主审，负责全书审稿工作。

本书参考学时如下：

课程内容	学　时
项目一　函数图形绘制实验	2
项目二　函数极限及导数实验	6
项目三　积分实验	4
项目四　常微分方程实验	2
总计	14

由于水平所限，加之时间仓促，本书难免存在不足和疏漏，恳请读者和同行专家多提宝贵意见，以便进一步修改、完善。

编著者

2020年1月

目　录

项目一 函数图形绘制实验

项目分析

借助函数图形，可以直观地理解高等数学中一些抽象的概念和定理。因此，绘制函数图形是高等数学实验的一个重要内容。本项目从学习 MATLAB 软件的基础运算以及常见函数知识的角度出发，实现初等函数以及二元函数图形的绘制。

知识目标

1. 了解 MATLAB 软件历史。
2. 了解 MATLAB 软件的应用领域。

任务一 MATLAB 基础及基本运算、常用函数

任务目标

1. 掌握 MATLAB 软件的基本运算、常见函数。
2. 掌握 MATLAB 软件绘制初等函数及二元函数图形的方法。

知识链接

20 世纪 70 年代，美国新墨西哥大学计算机科学系主任 Cleve Moler 为了减轻学生编程的负担，用 FORTRAN 编写了最早的 MATLAB。1984 年由 Jack Little、Moler、Steve Bangert 合作成立的 MathWorks 公司正式把 MATLAB 推向市场。到 20 世纪 90 年代，MATLAB 已成为国际控制界的标准计算软件。

一、MATLAB 简介

MATLAB 是美国 MathWorks 公司出品的商业数学软件，提供用于算法开发、数据可

视化、数据分析以及数值计算的高级技术计算语言和交互式环境，主要包括 MATLAB 和 Simulink 两大部分。

MATLAB 是矩阵实验室(Matrix Laboratory)的简称，和 Mathematica、Maple 并称为三大数学软件，它在数学类科技应用软件的数值计算方面首屈一指。MATLAB 可以进行矩阵运算、函数和数据绘制、算法实现、用户界面创建、其他编程语言程序连接等，主要应用于工程计算、控制设计、信号处理与通信、图像处理、信号检测、金融建模设计与分析等领域。

MATLAB 的基本数据单位是矩阵，它的指令表达式与数学、工程中常用的形式十分相似，故用 MATLAB 求解要比用 C、FORTRAN 等语言简捷得多，并且 MATLAB 也吸收了像 Maple 等软件的优点，使其成为一个强大的数学软件，在新的版本中还加入了对 C、FORTRAN、C＋＋、JAVA 等语言的支持。

二、MATLAB 基本运算

（一）求 C_n^k 的组合数

例 1.1 求 C_4^2 的组合数。

输入：

```
nchoosek(4, 2)
```

输出结果：

```
nchoosek(4, 2) = 6
```

（二）求阶乘

例 1.2 求 5 的阶乘。

输入：

```
factorial(5)
```

输出结果：

```
factorial(5) = 120
```

（三）求全排列

例 1.3 求 1，2，3 的全排列。

输入：

```
x = [1, 2, 3]; Perms(x)
```

输出结果：

```
ans =
3   2   1
3   1   2
2   3   1
2   1   3
```

```
1    2    3
1    3    2
```

（四）求 a^b 的指数值

例 1.4　求 2^3 的值。

输入：

```
power(2，3)
```

输出结果：

```
ans =
8
```

（五）行列式的计算

例 1.5　求二阶行列式 ***A***=[1 2；3 4]。

输入：

```
det(A)
```

输出结果：

```
det(A)= -2
```

（六）求矩阵的转置

求矩阵 ***A*** 的转置矩阵：***A***′(转置符号为单引号)。

（七）求向量的指数

例 1.6　求向量 ***p***=[1 2 3 4]′的转置、二次方、三次方、四次方。

输入：

```
p=[1 2 3 4]′
A=[p，p.^2，p.^3，p.^4]
```

输出结果：

```
A=
     1    1    1    1
     2    4    8   16
     3    9   27   81
     4   16   64  256
```

注意：在 p 与符号"^"之间的"."不可少。

（八）求矩阵的逆矩阵

例 1.7　求矩阵 ***A*** 的逆矩阵。

输入：

```
inv(A)
a= [1 2；3 4]
```

```
>>inv(a)
```

输出结果：

```
ans=
      -2.0000     1.0000
       1.5000    -0.5000
```

（九）多项式的乘法运算

函数 conv(p1，p2)用于求多项式 p1 和 p2 的乘积。这里，p1、p2 是两个多项式系数向量。

例 1.8 求多项式 x^4+8x^3-10 和 $2x^2-x+3$ 的乘积。

命令如下：

```
p1=[1, 8, 0, 0, -10]
p2=[2, -1, 3]
c=conv(p1, p2)
```

（十）多项式的除法运算

函数[q，r]=deconv(p1，p2)用于多项式 p1 和 p2 作除法运算，其中 q 返回多项式 p1 除以 p2 的商式，r 返回 p1 除以 p2 的余式。这里，q 和 r 仍是多项式系数向量。

例 1.9 求多项式 x^4+8x^3-10 除以多项式 $2x^2-x+3$ 的结果。

命令如下：

```
p1=[1, 8, 0, 0, -10]
p2=[2, -1, 3]
[q, r]=deconv(p1, p2)
```

（十一）求一个向量的最大值

求一个向量 $\boldsymbol{x}$ 的最大值的函数有以下两种调用格式：

(1) max(x)：返回向量 $\boldsymbol{x}$ 的最大值，如果 $\boldsymbol{x}$ 中包含复数元素，则按模取最大值。

(2) [y，i]=max(x)：返回向量 $\boldsymbol{x}$ 的最大值存入 y 中，最大值的序号存入 i 中，如果 $\boldsymbol{x}$ 中包含复数元素，则按模取最大值。

求向量 $\boldsymbol{x}$ 的最小值函数是 min(x)，用法与 max(x)完全相同。

三、MATLAB 中帮助指令的使用

MATLAB 6.x 版提供了一个“交互界面”的帮助窗口，该窗口对 MATLAB 功能叙述更系统、丰富，界面也十分友善、方便，是用户寻求帮助的主要资源。

可以通过以下 3 种方法进入帮助窗口：

(1) 在命令窗口中输入 helpwin、helpdesk 或 doc。

(2) 单击 MATLAB 主窗口工具栏中的 Help 按钮。

(3) 选择菜单命令 Help→MATLAB Help。

图 1-1 所示为分离的帮助窗口。

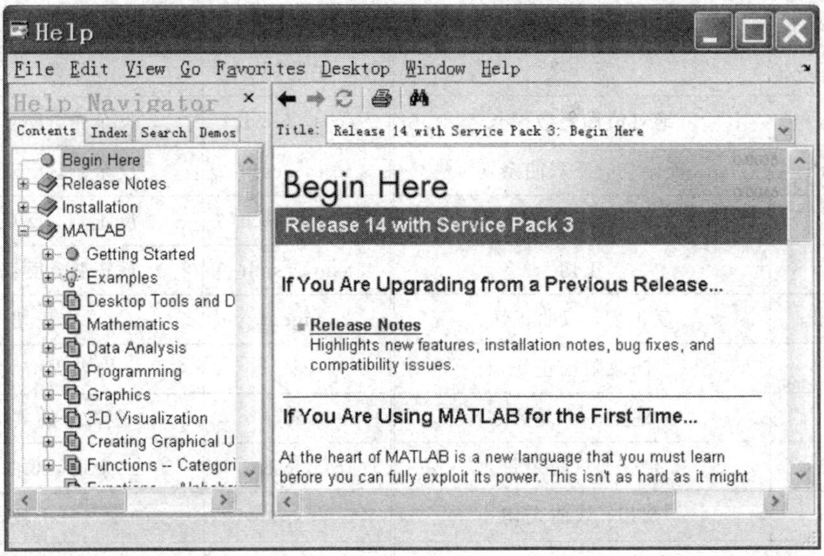

图 1-1 分离的帮助窗口

在 MATLAB 命令窗口中直接输入 help 命令将会显示当前帮助系统中包含的所有项目，即搜索路径中所有的目录名称。例如在命令窗口中输入：

```
>> help
HELP topics
matlab/general - General purpose commands.
matlab/ops - Operators and special characters.
matlab/lang - Programming language constructs.
        ⋮
kernel/embedded - xPC Target Embedded Option
MATLAB71/work -（No table of contents file）
```

同样，可以通过 help 加函数名来显示该函数的帮助说明。例如在命令窗口中输入：

```
>> help sin
SIN Sine of argument in radians.
SIN(X) is the sine of the elements of X.
See also asin，sind.
Overloaded functions or methods (ones with the same name in other directories)
help sym/sin. m
Reference page in Help browser
doc sin
```

四、MATLAB 常见函数

MATLAB 常见函数如表 1-1 所示。

表 1-1 MATLAB 常见函数

主题词	意 义	主题词	意 义
abs	绝对值和复数模长	acos，acosh	反余弦，反双曲余弦
acot，acoth	反余切，反双曲余切	acsc，acsch	反余割，反双曲余割
angle	复数 z 的相角(Phase angle)	asec，asech	反正割，反双曲正割
secant	正切	asin，asinh	反正弦，反双曲正弦
atan，atanh	反正切，双曲正切	tangent	正切
atan2	四象限反正切	ceil	向着无穷大舍入
complex	建立一个复数	conj	复数 z 的共轭复数
cos，cosh	余弦，双曲余弦	csc，csch	余切，双曲余切
cot，coth	余切，双曲余切	exp	指数
fix	朝 0 方向取整	gcd	最大公因数
lcm	最小公倍数	log	自然对数
log2	以 2 为底的对数	log10	常用对数
mod	有符号的求余	nchoosek	二项式系数和全部组合数
real	复数的实部	imag	复数值的虚部
rem	相除后求余	round	取整为最近的整数
sec，sech	正割，双曲正割	sign	符号数
sin，sinh	正弦，双曲正弦	sqrt	平方根
tan，tanh	正切，双曲正切	floor	向负无穷取整

任务二 函数图形绘制

任务目标

利用 MATLAB 软件来解决高等数学中平面曲线和空间曲线的图像问题，并进行分析。对于这些很难用手工绘制的图形，利用 MATLAB 软件则可以很容易地解决。

知识链接

函数图形的绘制人工很难实现，而 MATLAB 语言正是处理这类问题的很好的工具。MATLAB 既能简易地写出表达式，又能绘制曲线，还可以培养学生的应用能力。

一、初等函数图形绘制

（一）平面曲线的表示形式

对于平面曲线，常见的有三种表示形式，即直角坐标方程 $y=f(x)$，$x\in[a, b]$；参数方程 $x=x(t)$，$y=y(t)$，$t\in[a, b]$；极坐标方程 $r=r(\varphi)$，$\varphi\in[a, b]$。

（二）平面曲线绘图的 MATLAB 命令

MATLAB 中平面曲线绘图命令如表 1-2 所示。

表 1-2　MATLAB 中平面曲线绘图命令

命　令	含　义
plot(x, y)	作出以数据($x(i)$, $y(i)$)为节点的折线图
plot(x1, y1, x2, y2, …)	作出多组数据折线图
fplot('fun', [a, b])	作出函数 fun 在区间[a, b]上的函数图

例 1.10　作出函数 $y=\sin x$，$x\in[-4\pi, 4\pi]$的图像。

解　MATLAB 作图的程序代码如下：

```
>>x=linspace(-4*pi, 4*pi, 300);    %生成 300 维向量 x
>> y=sin(x);                         %正弦函数
>> plot(x, y)                        %二维图形绘图命令
```

结果如图 1-2 所示。

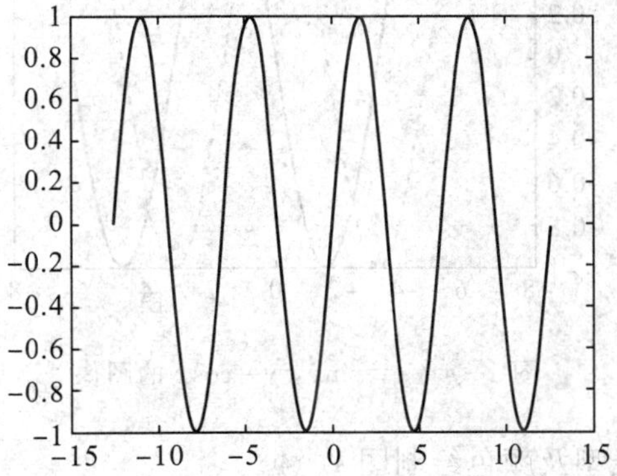

图 1-2　$y=\sin x$ 的图像 1

此图也可用 fplot 命令，相应的 MATLAB 程序代码如下：

```
>> clear; close;                     %clear 清理内存；close 关闭已有窗口
>> fplot('sin(x)', [-4*pi, 4*pi])    %绘制正弦图像
```

结果如图 1-3 所示。

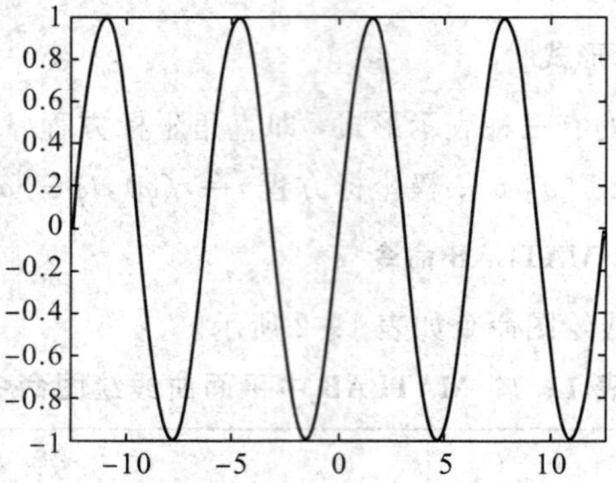

图 1-3　$y=\sin x$ 的图像 2

例 1.11　在同一坐标系下作出两条曲线 $y=\sin x$ 和 $y=\cos x$ 在$[-2\pi, 2\pi]$上的图形。

解　相应的 MATLAB 程序代码如下：

```
>>x=(-2)*pi:2*pi/30:2*pi;            %产生向量 x
>> y1=sin(x); y2=cos(x);             %正余弦函数
>> plot(x, y1, x, y2, ':')           %':'表示绘出的图形是点线
```

结果如图 1-4 所示。其中实线是 $y=\sin x$ 的图形，点线是 $y=\cos x$ 的图形。

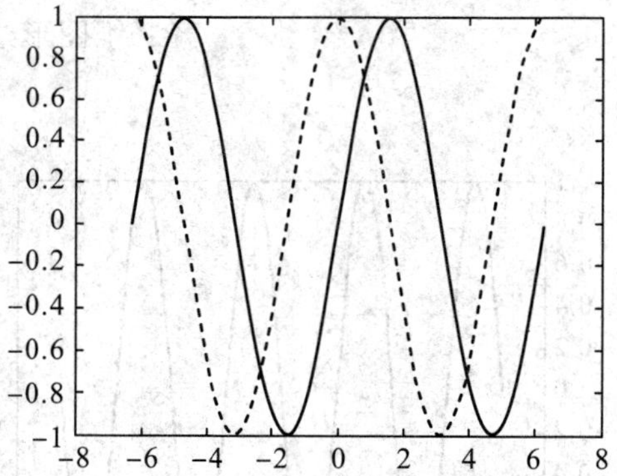

图 1-4　$y=\sin x$，$y=\cos x$ 的图像

例 1.12　用不同的线型及颜色绘制图 1-4。

解　相应的 MATLAB 程序代码如下：

```
>>x=-2*pi: 2*pi/30: 2*pi;            %产生向量 x
>> y1=sin(x); y2=cos(x);             %正余弦函数
>> plot(x, y1, x, y2, 'gp')          %'gp'表示绘出的图形是绿色五角星线
```

结果如图 1-5 所示。

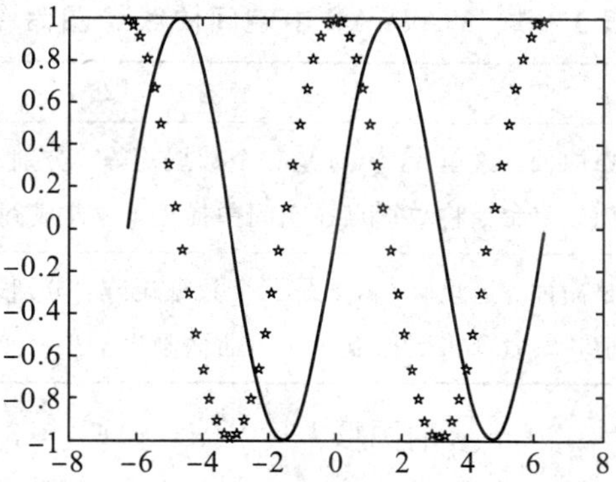

图 1-5 不同线型与颜色绘制的正余弦图像

例 1.13 作出以极坐标方程 $r=a(1+\cos\varphi)$，$a=1$，$\varphi\in[0, 2\pi]$表示的心脏线。

解 相应的 MATLAB 程序代码如下：

```
>>clear; close;                        %clear 清理内存；close 关闭已有窗口
>> t=0: 2*pi/30: 2*pi;                 % 产生向量
>> r=1+cos(t);                         %极坐标方程
>> x=r.*cos(t); y=r.*sin(t);           %极坐标转化为直角坐标
>> plot(x, y)                          %绘制 x, y 的图形
```

结果如图 1-6 所示。

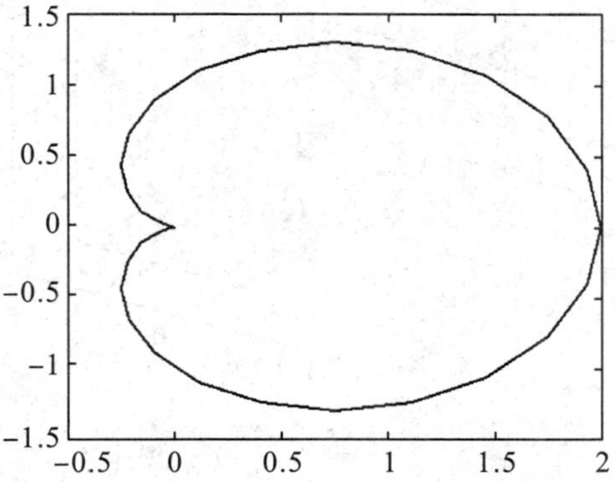

图 1-6 心脏线

二、二元函数图形绘制

（一）空间曲线的表示形式

对于平面曲线，一般用直角坐标方程 $z=f(x, y)$，$x\in[a, b]$，$y\in[c, d]$，或者参数方程 $x=x(t)$，$y=y(t)$，$z=z(t)$，$t\in[a, b]$来表示。

（二）平面曲线绘图的 MATLAB 命令

MATLAB 中空间曲线绘图命令如表 1-3 所示。

表 1-3 MATLAB 中空间曲线绘图命令

命令	含　义
mesh(x, y, z)	画网格曲面，这里 **x**，**y**，**z** 是三个数据矩阵，分别表示数据点的横坐标、纵坐标和函数值，该命令将数据点在空间中描出，并连成网格
surf(x, y, z)	画完整曲面，这里 **x**，**y**，**z** 是三个数据矩阵，分别表示数据点的横坐标、纵坐标和函数值，该命令将数据点所表示曲面画出

例 1.14 画出函数 $z=\sqrt{x^2+y^2}$ 的图形，其中 $(x, y)\in[-3, 3]\times[-3, 3]$。

解 用 MATLAB 作图的程序代码如下：

```
>>clear;
>> x=-3：0.1：3;                    %x 的范围为[-3,3]
>> y=-3：0.1：3;                    %y 的范围为[-3,3]
>> [X, Y]=meshgrid(x, y);           %将向量 x，y 指定的区域转化为矩阵 X，Y
>> Z=sqrt(X.^2+Y.^2);               %产生函数值 Z
>> mesh(X, Y, Z)
```

结果如图 1-7 所示。

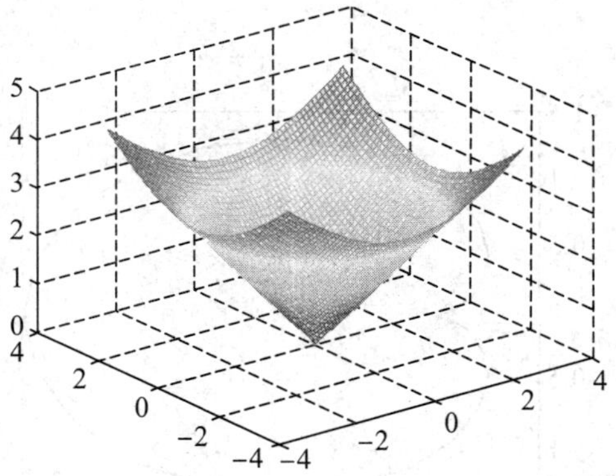

图 1-7　$z=\sqrt{x^2+y^2}$ 的图像

例 1.15 二次曲面的方程如下：

$$\frac{x^2}{a^2}+\frac{y^2}{b^2}+\frac{z^2}{c^2}=d$$

讨论参数 a，b，c 对其形状的影响。

解 相应的 MATLAB 代码如下：

```
>> a=input('a='); b=input('b='); c=input('c=');
>> d=input('d='); N=input('N=');          %输入参数，N 为网格线数目
>> xgrid=linspace(-abs(a), abs(a), N);   %建立 x 网格坐标
>> ygrid=linspace(-abs(b), abs(b), N);   %建立 y 网格坐标
>> [x,y]=meshgrid(xgrid, ygrid);          %确定 N×N 个点的 x，y 网格坐标
```

```
>> z=c * sqrt(d-y. * y/b^2-x. * x/a^2); u=1; %u=1，表示 z 要取正值
>> z1=real(z);                                %取 z 的实部 z1
>> for k=2: N-1; %以下 7 行程序的作用是取消 z 中含虚数的点
>> for j=2: N-1
>> if imag(z(k, j))~=0 z1(k, j)=0; end
>> if all(imag(z([k-1: k+1], [j-1: j+1])))~=0 z1(k, j)=NaN; end
>> end
>> end
>> surf(x, y, z1), hold on                     %画空间曲面
>> if u==1 z2=-z1; surf (x, y, z2);            %u=1 时加画负半面
>> axis([-abs(a), abs(a), -abs(b), abs(b), -abs(c), abs(c)]);
>> end
>> xlabel('x'), ylabel('y'), zlabel('z')
>> hold off
```

结果如图 1-8～图 1-10 所示。

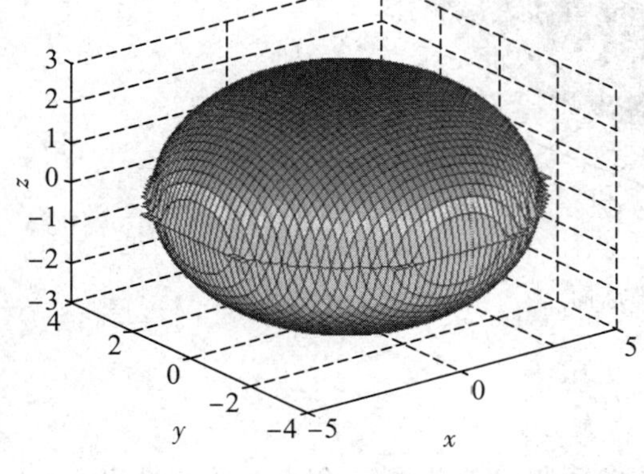

图 1-8 $a=5$，$b=4$，$c=3$，$d=1$，$N=50$ 时的图像

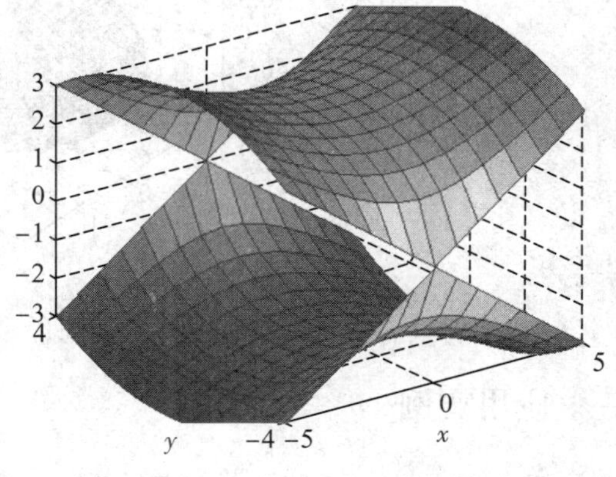

图 1-9 $a=5i$，$b=4$，$c=3$，$d=1$，$N=15$ 时的图像

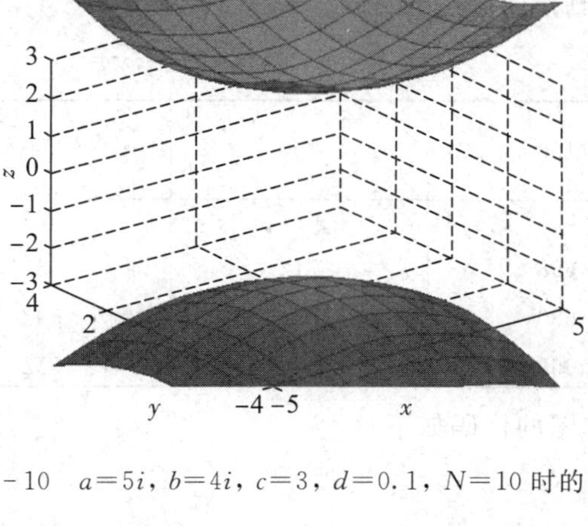

图 1-10 $a=5i$，$b=4i$，$c=3$，$d=0.1$，$N=10$ 时的图像

例 1.16 绘制椭球面 $x=3\cos u\sin v$，$y=2\cos u\cos v$，$z=\sin u$。

解 用 MATLAB 作图的代码如下：

```
clear; close;
u=-4: 0.1: 4;
v=-4: 0.1: 4;
[U, V]=meshgrid(u, v);
X=3. * cos(U). * sin(V);
Y=2. * cos(U). * cos(V);
Z=sin(U);
surf(X, Y, Z);
axis equal
```

结果如图 1-11 所示。

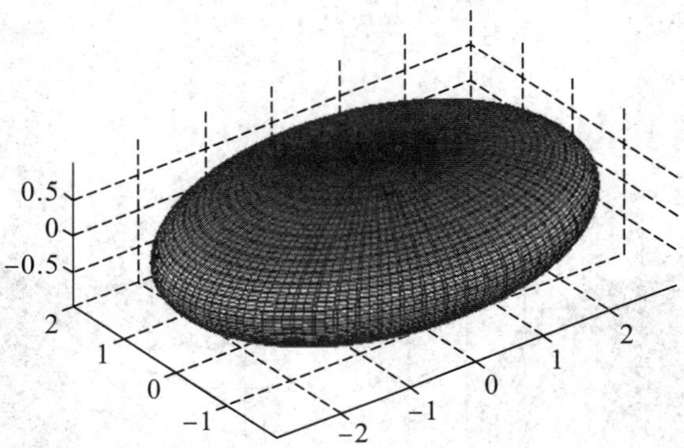

图 1-11 椭球面

三、应用实例

例 1.17 在一丘陵地带测量高程，x 和 y 方向每隔 100 米测一个点，高度见表 1-4，试拟合一曲面，并绘制出该曲面。

表 1-4 为丘陵地带测量的高度数据。

表 1-4 高度数据

x \ y	100	200	300	400
100	636	697	624	478
200	698	712	630	478
300	680	674	598	412
400	662	626	552	334

解 用 MATLAB 作图的代码如下：

```
clear; close;
```

```
x=[100 100 100 100 200 200 200 200 300 300 300 300 400 400 400 400];
y=[100 200 300 400 100 200 300 400 100 200 300 400 100 200 300 400];
z=[636 697 624 478 698 712 630 478 680 674 598 412 662 626 552 334];
xi=100:5:400;
yi=100:5:400;
[X, Y]=meshgrid(xi, yi);
H=griddata(x, y, z, X, Y, 'cubic');
surf(X, Y, H);
view(-112, 26);
hold on;
maxh=vpa(max(max(H)), 6)
[r, c]=find(H>=single(maxh));
stem3(X(r, c), Y(r, c), maxh, 'fill')
```

结果如图 1-12 所示。

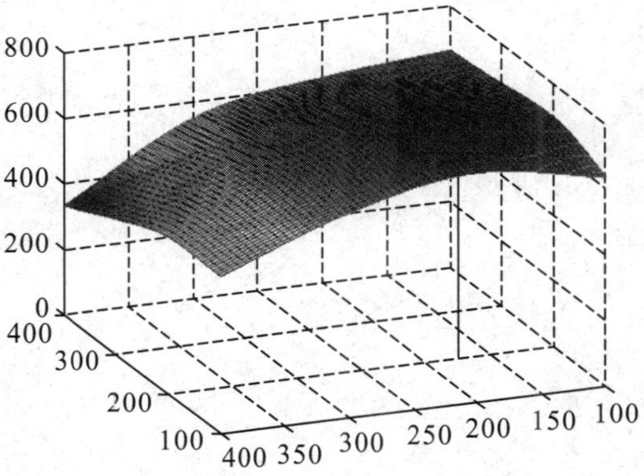

图 1-12　拟合出的曲面图

项目小结

通过本项目，应重点理解和掌握以下知识。

1. 掌握 MATLAB 软件的基本运算、常用函数。
2. 掌握 MATLAB 软件绘制初等函数、二元函数的图像的方法。

思考与练习

根据给定的函数方程，绘制下列曲面的图形。

(1) 在 $0 \leqslant x \leqslant 2\pi$ 区间内，曲线 $y=2e^{-0.5x}\cos 4\pi x$。

(2) 在同一坐标内，曲线 $y_1=0.2e^{-0.5x}\cos 4\pi x$ 和 $y_2=0.2e^{-0.5x}\cos \pi x$。

(3) 三维曲面 $z=\sin(x+\sin y)-\dfrac{x}{10}$。

(4) 椭圆抛物面 $x=3u\sin v$，$y=2u\cos v$，$z=4u^2$。

(5) 单叶双曲面 $x=3\sec u\sin v$，$2\sec u\cos v$，$z=4\tan u$。

(6) 旋转面 $x=\ln u\sin v$，$y=\ln u\cos v$，$z=u$。

(7) 圆锥面 $x=u\cos v$，$y=u\cos v$，$z=u$。

项目二　函数极限及导数实验

项目分析

函数极限、函数导数及函数的极值是高等数学的基础内容，是数学对象与计算方法较为简单的数学计算。无论是函数极限还是复合函数求导、求极值等复杂问题，MATLAB 软件都可以快速解决，它提供了方便的命令，使这些运算能在计算机上实现，难题迎刃而解。

知识目标

1. 掌握数列、函数的极限的概念。
2. 掌握两个重要的极限的形式和计算。
3. 掌握基本初等函数的求导公式。
4. 掌握复合函数的求导。
5. 掌握求函数极值和闭区间上连续函数的最值。
6. 掌握 MATLAB 求函数极小值的命令。
7. 掌握利用 MATLAB 通过求导数、求驻点的方式求函数的极值与最值。

任务一　函数极限及 MATLAB 实现

任务目标

1. 会利用 MATLAB 计算函数的极限。
2. 会利用 MATLAB 计算两个重要的极限。

知识链接

极限是高等数学中最重要的概念之一，是研究微积分学的重要工具。微积分学中的许多重要概念，如导数、定积分等，均通过极限来定义。因此，掌握极限的思想与方法是学好微积分学的前提条件。

一、MATLAB 实现

极限是高等数学最基本的概念，在实际应用中，其计算比较繁琐，而运用 MATLAB 提供的 limit 命令则可以很轻松地解决此问题。

Limit 命令的调用格式如下：

limit(f, x, a)或 limit(f, a)：求解 $x \to a$ 时函数 $f(x)$的极限。

limit(f)：求解 $x \to 0$ 时函数 $f(x)$的极限。

limit(f, x, a, 'right')：求解 $x \to a$ 时函数 $f(x)$的右极限。

limit(f, x, a, 'left')：求解 $x \to a$ 时函数 $f(x)$的左极限。

例 2.1 观察数列 $\left\{\frac{n}{n+1}\right\}$ 当 $n \to \infty$ 时的变化趋势。

解 输入命令：

```
n=1:100;
xn=n./(n+1);
```

得到该数列的前 100 项：xn=

0.5000	0.8333	0.9000	0.9286	0.9444	0.9545	0.9615	0.9667	0.9706	0.9737
0.6667	0.8571	0.9091	0.9333	0.9474	0.9565	0.9630	0.9677	0.9714	0.9744
0.7500	0.8750	0.9167	0.9375	0.9500	0.9583	0.9643	0.9688	0.9722	0.9750
0.8000	0.8889	0.9231	0.9412	0.9524	0.9600	0.9655	0.9697	0.9730	0.9756
0.9762	0.9792	0.9815	0.9833	0.9848	0.9861	0.9872	0.9881	0.9889	0.9896
0.9767	0.9796	0.9818	0.9836	0.9851	0.9863	0.9873	0.9882	0.9890	0.9897
0.9773	0.9800	0.9821	0.9839	0.9853	0.9865	0.9875	0.9884	0.9891	0.9898
0.9778	0.9804	0.9825	0.9841	0.9855	0.9867	0.9877	0.9885	0.9892	0.9899
0.9783	0.9808	0.9828	0.9844	0.9857	0.9868	0.9878	0.9886	0.9894	0.9900
0.9787	0.9811	0.9811	0.9846	0.9859	0.9870	0.9880	0.9888	0.9895	0.9901

下面是具体程序：

```
n=1:100;
xn=n./(n+1);
for i=1:100
plot(n(i), xn(i), 'rd')
hold on
pause
end
```

图 2-1 为例 2.1 数列值随项数的变化图。

通过图像可以看出，该数列是一个单调递增的数列，但随着项数不断地增大，数列值

逐渐向 1 靠近，可以求出其极限为

```
syms n;
x_n=n/(n+1);
limit(x_n, n, inf)
```

于是得到结论：

$$\lim_{n\to\infty}\frac{n}{n+1}=1$$

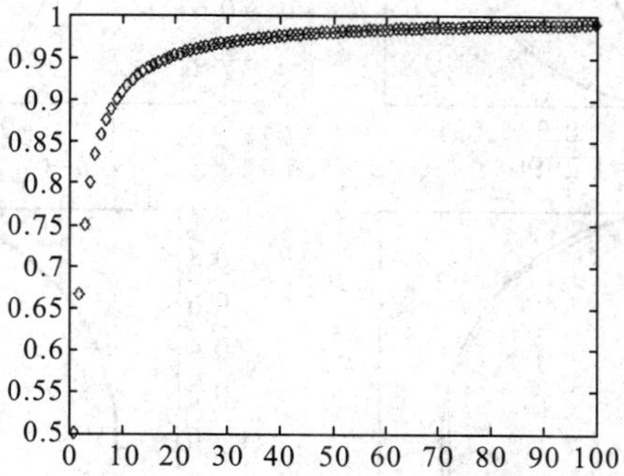

图 2-1　数列值随项数变化图

例 2.2　求单位半径圆的周长。

解　(1) 以直线代替曲线，得到一系越来越逼近于圆周长的近似值；创建函数，以直线代替曲线，求解一系列越来越逼近圆周的多边形长度总和及其所围面积。以下是具体的求解程序：

```
function [L, S]=draw(r, n)
t=(1/(2*n): 1/n: 1)'*2*pi;
tt=(1/(2*1000): 1/1000: 1)'*2*pi;
a=pi/n;
r1=r/cos(a);
S=(n*r*r*sin((2*pi)/n))/2;
L=2*n*sin(pi/n);
x=r*sin(tt);
y=r*cos(tt);
plot(x, y, 'b');
hold on;
x1=r*sin(t);
y1=r*cos(t);
x2=[x1' x1(1, 1)];
y2=[y1' y1(1, 1)];
plot(x2, y2, 'r')
axis equal
```

图 2-2 为 n 取 3，6，12 等数值时圆内接多边形与圆的关系图。

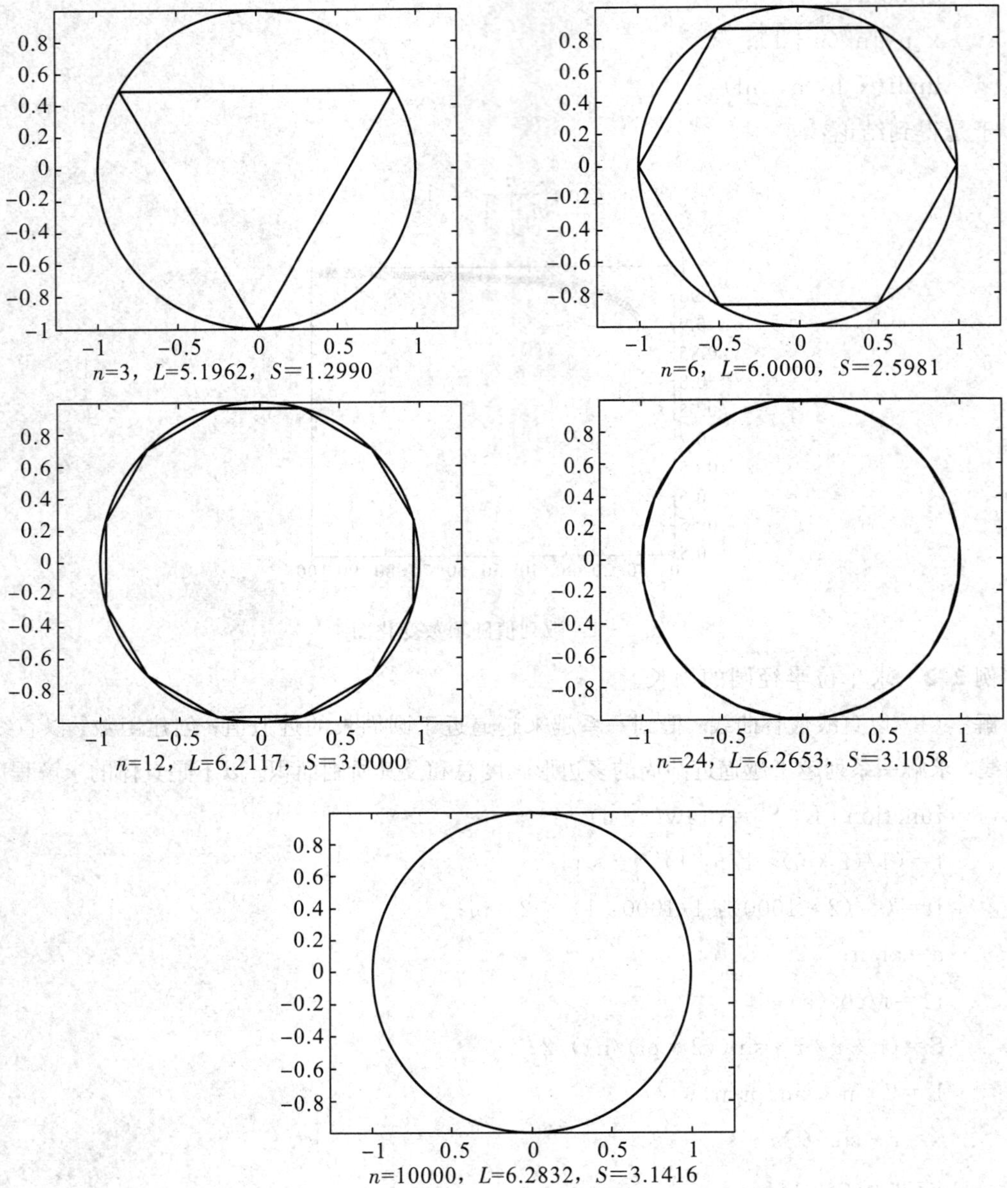

图 2-2　圆内接多边形与圆的关系图

(2) 考察这一系列值的变化趋势，从而确定出圆周长的准确值。考察圆内接正多边形的变化趋势，由此可以得到圆的周长公式：

$$L_3=3\times 2\times \sin\left(\frac{2\pi}{n}\times\frac{1}{2}\right),\ n=3$$

$$L_4=4\times 2\times \sin\left(\frac{2\pi}{n}\times\frac{1}{2}\right),\ n=4$$

$$\vdots$$

$$L_n = 2n\sin\frac{\pi}{n}$$

n 越大，正多边形与圆接近的近似程度越高。

具体 MATLAB 程序如下：

```
syms n;
l_n=2 * n * sin(pi/n);
L=limit(l_n, n, inf);
```

取半径为 1 m，运行后的结果为 L=2 * pi。

二、应用实例

例 2.3　分析函数 $f(x)=x\sin\frac{1}{x}$，当 $x\to 0$ 时的变化趋势。

解　画出函数 $f(x)$在[−1，1]上的图形，下面是具体程序：

```
x=-1: 0.01: 1;
y=x. * sin(1. /x);
plot(x, y)
```

图 2-3 为由 MATLAB 软件生成的例 2.3 函数的图像。

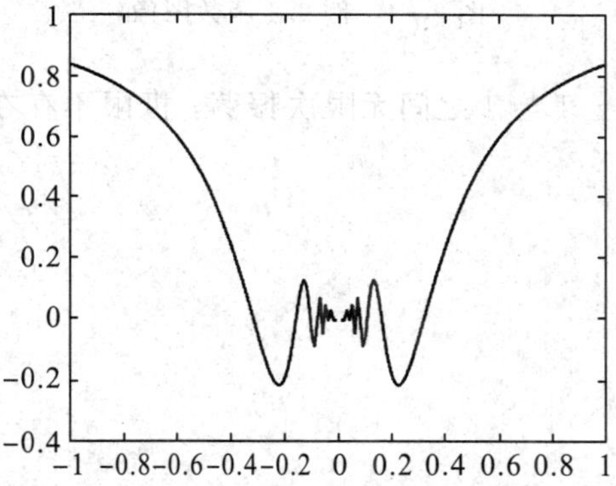

图 2-3　例 2.3 函数的图像

显然 $x\sin\frac{1}{x}$随着$|x|$的减小，振幅越来越小趋近于 0，频率越来越高作无限次振荡。

```
holdon;
plot(x, x);
plot(x, -x);
```

画出函数图像的包络线，可以确定其振动范围，根据图像走势，可以看出当$|x|$减小时，函数值也逐渐减小，并且逐渐向零不断靠近。

```
syms x;
y='x * sin(1/x)';
L=limit(y, x, 0)
```

运行该程序，结果为 0。

例 2.4 分析函数 $f(x)=\sin\frac{1}{x}$，当 $x\to0$ 时的变化趋势。

解 画出函数 $f(x)$在[－1，1]上的图形，下面是具体程序：

```
x=-1:0.01:1;
y=sin(1./x);
plot(x, y)
```

图 2－4 为由 MATLAB 软件生成的例 2.4 函数图像。

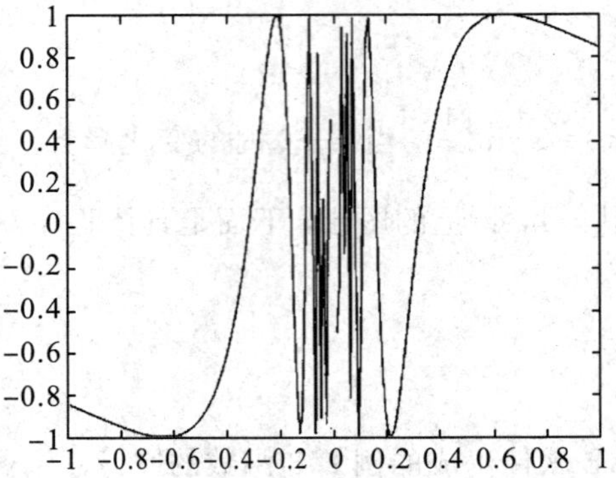

图 2－4 例 2.4 函数图像

当 $x\to0$ 时，$x\sin\frac{1}{x}$在－1 与 1 之间无限次振荡，极限不存在。可试增加数据点，比较它们的结果。

运行以下程序：

```
syms x;
y='sin(1/x)';
y=limit(y, x, 0)
```

其结果显示为 y=NaN，NaN 表示不确定，即该函数的极限不存在。

图 2－5 为由 MATLAB 软件生成的例 2.4 函数图像。

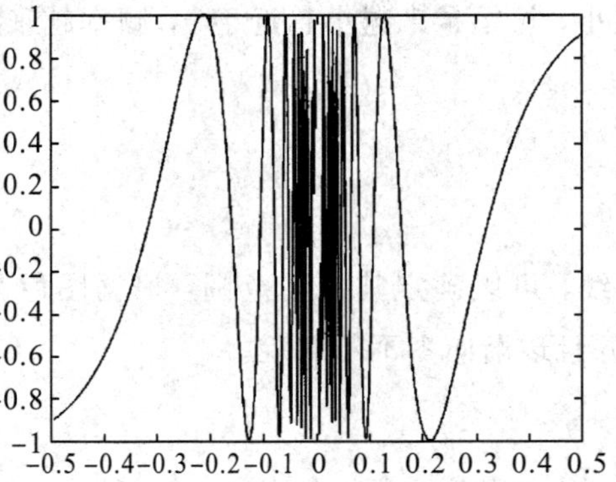

图 2－5 例 2.4 函数图像(密集)

例 2.5 考察函数 $f(x)=\frac{\sin x}{x}$，当 $x\to 0$ 时的变化趋势；

解 画出函数 $f(x)$ 的图像，下面是具体程序：

```
x=linspace(-10*pi, 10*pi, 100);
y=sin(x)./x;
plot(x, y)
```

从图形上可以看出，$\frac{\sin x}{x}$在离 $x=0$ 点较远区域，函数值连续变化但波动不大，在 $x=0$ 附近函数值也是连续变化，但其值与 1 无限接近，由此可见$\lim\limits_{x\to 0}\frac{\sin x}{x}=1$。求极限程序如下：

```
syms x;
y='sin(x)/x';
y=limit(y, x, 0)
```

运行程序后结果如下：

```
y=1
```

图 2-6 为由 MATLAB 软件生成的例 2.5 函数图像。

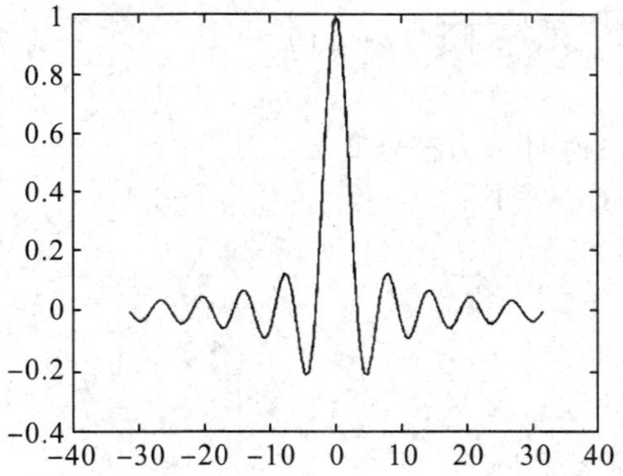

图 2-6 例 2.5 函数图像

例 2.6 考察函数 $f(x)=\left(1+\frac{1}{x}\right)^x$，当 $x\to\infty$ 时的变化趋势。

解 画出函数 $f(x)$ 的图像，具体程序如下：

```
x=-1000:1:1000;
y=(1+1./x).^x;
plot(x, y, 'r')
```

图 2-7 为由 MATLAB 软件生成的例 2.6 函数图像。

从图像上可以看出，当 x 趋近于 0 时，函数值变化较大，当 x 趋近于正无穷或者负无穷时，函数图像逐渐趋近于一条直线，说明函数值逐渐趋近于某一常数，设这个常数为 e，则有

$$\lim_{x\to\infty}\left(1+\frac{1}{x}\right)^x=\mathrm{e}$$

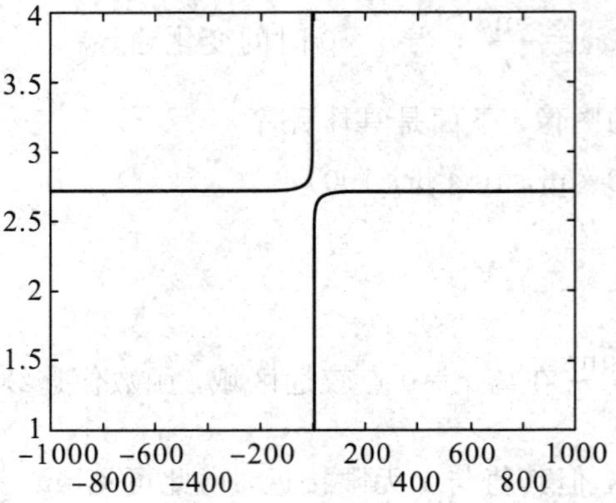

图 2-7 例 2.6 函数图像

具体极限求解程序如下：

```
syms x;
y='(1+1/x)^x';
y=limit(y, x, Inf)
```

运行程序后结果如下：

```
y=exp(1)
```

例 2.7 求函数的极限 $\lim\limits_{x\to -1}\left(\dfrac{1}{x+1}-\dfrac{3}{x^3+1}\right)$。

解 求解命令如下：

```
syms x;          %说明 x 为符号变量
f=1/(x+1)-3/(x^3+1);
y=limit(f,x,-1)
ezplot(f)
hold on
x=-1;
plot(x, y, 'r*')
```

求解结果如下：

```
y=-1
```

图 2-8 为由 MATLAB 软件生成的例 2.7 函数图像。

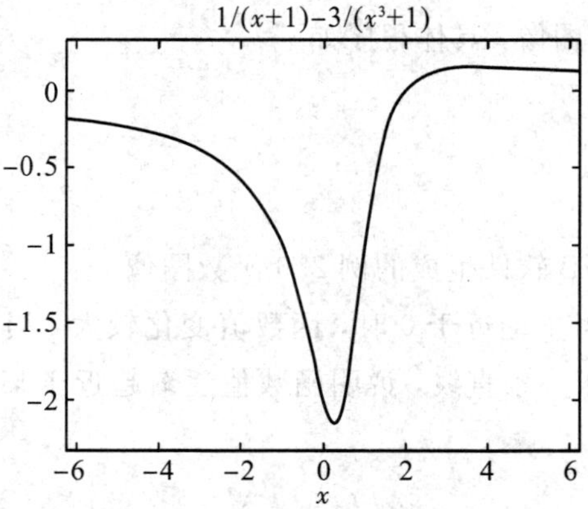

图 2-8 例 2.7 函数图像

例 2.8　求$\lim\limits_{x\to 0}\dfrac{\tan x-\sin x}{x^3}$。

解　求解命令如下：

```
syms x;          %说明 x 为符号变量
f=(tan(x)-sin(x))/(x^3);
y=limit(f, x, 0)
ezplot(f)
hold on
x=0;
plot(x, y, 'r*')
```

求解结果如下：

```
y=0.5
```

图 2-9 为由 MATLAB 软件生成的例 2.8 函数图像。

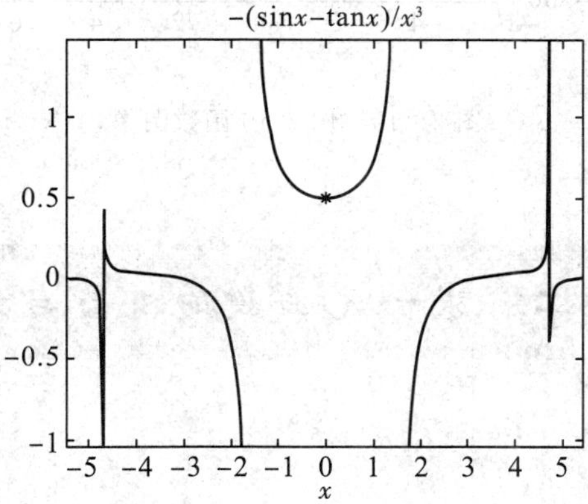

图 2-9　例 2.8 函数图像

例 2.9　求$\lim\limits_{x\to -\infty}\left(1+\dfrac{a}{x}\right)^x$的极限。

解　求解命令如下：

```
syms a x;        %说明 a，x 为符号变量
f=(1+(a/x))^x;
y=limit(f, x, -Inf)
```

求解结果如下：

```
y=exp(a)
```

例 2.10　设一产品的价格满足函数$P(t)=20-20e^{-0.5t}$（单位：元），试对该产品的长期价格作一预测。

解　根据题意可得 MATLAB 的求解命令如下：

```
syms t;
f=20-20*exp(-0.5*t);
```

```
y=limit(f,t,Inf)
ezplot(f)
```

求解结果如下：

```
y=20
```

图 2-10 为由 MATLAB 软件生成的例 2.10 函数图像。

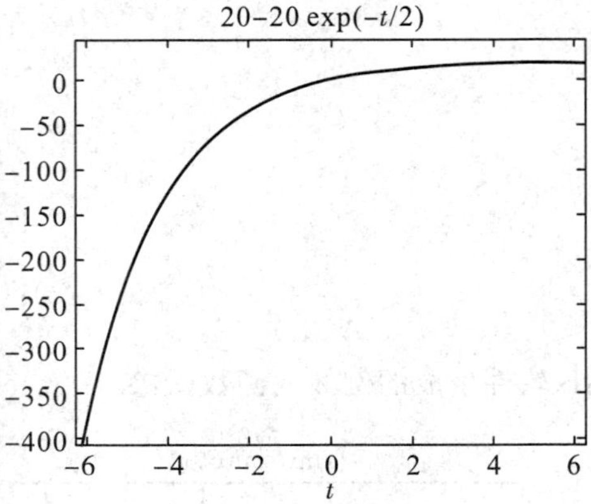

图 2-10　例 2.10 函数图像

任务二　求一元函数的极值与最值

任务目标

1. 理解函数极值与最值的定义，了解函数取极值的条件。

2. 掌握利用 MATLAB 优化函数命令求函数的极值与最值。

3. 会用 MATLAB 编写程序求函数的极值、最值，会用 MATLAB 绘制函数的图像，并通过观察图像寻找函数的极值点或最值点。

知识链接

函数的极值是函数在某个小邻域内的最小值和最大值，函数的极值只在区间内取得，不会在区间的端点处取得。函数的极值与函数的单调性有关，而导数是研究函数单调性的有力工具。根据取极值的必要条件，通过求一阶导数可以找到函数的可能极值点。根据取极值的第一充分条件，通过判断函数在可能极值点左右两边的单调性可以判断可能极值点是否为极值点；根据取极值的第二充分条件，通过求二阶导数可以判断可能极值点是否为极值点。极值是函数局部范围内的最大值与最小值；最值是函数整个范围内的最大值与最小值。

一、一元函数求极值 MATLAB 实现

（一）用 MATLAB 优化函数求目标函数的极小值和最小值

求函数的极值和最值是优化问题，MATLAB 优化工具箱提供了求解优化模型的函数，可用于一元函数求极值与最值。表 2-1 列出了可用于求一元函数的优化函数。

表 2-1　优化函数

问　题	模　型	函　数
有界单变量求最小	Min $f(x)$，$x\in\mathbf{R}$ $a<x<b$	fminbnd
无约束非线性规划求极小	Min $f(x)$，$x\in\mathbf{R}^n$	fminunc fminsearch

1. 用 fminbnd 函数求目标函数的最小值

（1）功能：求出目标函数（一元函数）在指定区间内的最小值。

（2）调用格式：

```
f ='f(x)';
x=fminbnd(f, a, b);
%返回函数 f(x)在闭区间[a, b]上的最小值点
x=fminbnd('f(x)', a, b);
%返回函数 f(x)在闭区间[a, b]上的最小值点
[x, fval]=fminbnd('f(x)', a, b);
%返回函数 f(x)在闭区间[a, b]上的最小值点和最小值
[x, fval, exitflag]=fminbnd('f(x)', a, b);
%返回函数 exitflag 值描述的退出条件
```

其中，Exitflag>0，表示目标函数收敛于解 x 处；Exitflag=0，表示已经达到函数评价或迭代的最大次数；Exitflag<0，表示目标函数不能收敛于解 x 处。

（3）参数说明：f 或 $f(x)$是定义的目标函数，是一元函数；a，b 是最小值点的搜索区间[a，b]的端点；x 是目标函数在搜索区间内的最小值点；fval 是对应的目标函数的最小值；exitflag 是停止迭代时的退出标志，用于描述退出条件；output 是输出的优化信息，包括迭代次数、所采用的算法、函数的评价次数等。

例 2.11　求函数 $y=x\sin(2x-1)$在区间[0，2]上的最小值。

解　输入命令：

```
f= 'x * sin(2 * x-1)'
ezplot(f)
[x, fval] = fminbnd(f, 0, 2)
```

运行结果：

x=

0.2601

fval=

−0.1201

图 2-11 为函数 $y=x\sin(2x-1)$的部分图像。

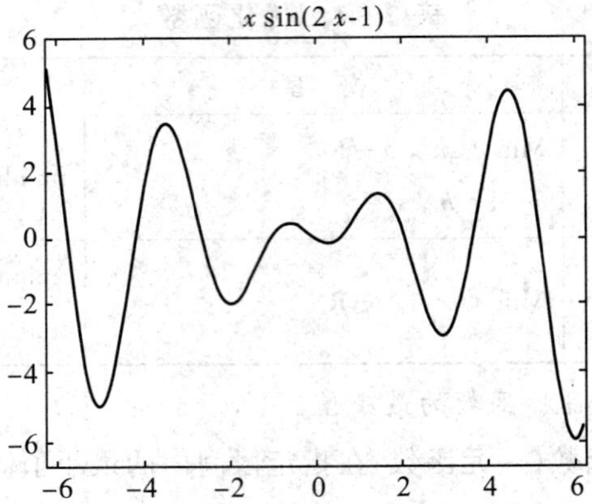

图 2-11 例 2.11 函数 $y=x\sin(2x-1)$部分图像

因此函数 $y=x\sin(2x-1)$在[0, 2]上的最小值是−0.1201，在 $x=0.2601$ 处取得。

2. 用 fminunc 函数求目标函数的最小值

(1) 功能：常用于无约束非线性最优化问题。在求函数的最值、极值问题中，用于给定初值，求目标函数(一元函数或多元函数)在给定初值附近的极小值。

(2) 调用格式：

x=fminunc('f(x)', x0)

%返回函数 $f(x)$在初值 x_0 附近的极小值点

[x, fval]=fminunc('f(x)', x0)

%返回函数 $f(x)$在初值 x_0 附近的极小值点和极小值

[x, fval, exitflag]=fminunc('f(x)', x0)

%返回函数 exitflag 值描述的退出条件

(3) 参数说明：各参数的意义同 fminbnd。

例 2.12 求函数 $y=x\sin(2x-1)$在 $x=1$ 附近的最小值。

解 输入命令：

f= 'x. * sin(2 * x−1)'

x0=1;

[x1, f1]=fminunc(f, x0)

运行结果：

x1 =

0.2602

f1 =

　　−0.1201

求出函数在 $x=1$ 附近的最小值为−0.1201，在 0.2602 处取得。由图 2-11 可见，若要求函数在 $x=3$ 附近的最小值，只需将初值设为 3，输入命令：

```
f= 'x. * sin(2 * x-1)'
x0=3;
[x2, f2]=fminunc (f, x0)
```

运行结果：

x2 =

　　2.9404

f2 =

　　−2.8988

函数 fminunc 只能找到目标函数在初值附近的最小值，即局部最小值，也称为函数的极小值。

3. 用 fminsearch 函数求目标函数的最小值

(1) 功能：同 fminunc，用于无约束非线性最优化问题。

(2) 调用格式：

x=fminsearch ('f(x)', x0)

%返回函数 $f(x)$ 在初值 x_0 附近的极小值点

[x, fval]=fminsearch ('f(x)', x0)

%返回函数 $f(x)$ 在初值 x_0 附近的极小值点和极小值

[x, fval, exitflag]=fminsearch ('f(x)', x0)

%返回函数 exitflag 值描述的退出条件

(3) 参数说明：各参数的意义同 fminbnd。

例 2.13　求函数 $y=x\sin(2x-1)$ 在 $x=1$ 附近的最小值。

解　输入命令：

```
f= 'x. * sin(2 * x-1)'
x0=1;
[x1, f1]=fminsearch(f, x0)
```

运行结果：

x1 =

　　0.2602

f1 =

　　−0.1201

4. 用 MATLAB 优化函数求目标函数的最大值

(1) 功能：MATLAB 没有给出求函数最大值的命令，若要求目标函数在区间上的最大值，转化为求相反函数的最小值，再取其相反数即为目标函数的最大值。

(2) 调用格式：

```
f='-f(x)';
[xmax, ymax]=fminbnd(f, a, b)
ymax=-ymax
```

例 2.14 求函数 $y=x\sin(2x-1)$ 在区间[0, 2]上的最大值。

解 输入命令：

```
[xmax, ymax] = fminbnd('-x*sin(2*x-1)', 0, 2)
ymax=-ymax
```

运行结果：

```
xmax =
        1.4513
ymax =
       -1.3721
ymax =
        1.3721
```

即函数 $y=x\sin(2x-1)$ 在[0, 2]上的最大值是 1.3721，在 $x=1.4513$ 处取得。

例 2.15 求函数 $y=2x^3-6x^2-18x+7$ 在区间[-4, 4]上的最值，并作图。

解 输入命令：

```
x=-4:0.1:4;
y=2*x.^3-6*x.^2-18*x+7;
plot(x, y), hold on
[x1, miny]=fminbnd('2*x.^3-6*x.^2-18*x+7', -4, 4)
[x2, y2]=fminbnd('-(2*x.^3-6*x.^2-18*x+7)', -4, 4)
maxy=-y2
plot(x1, miny, 'o')
plot(x2, maxy, 'o')
```

运行结果：

```
x1 =
     -4
miny =
     -145
x2 =
     -1.0000
y2 =
     -17.0000
```

maxy =

        17.0000

图 2-12 为例 2.15 函数 $y=2x^3-6x^2-18x+7$ 在区间[-4, 4]上的部分图像。

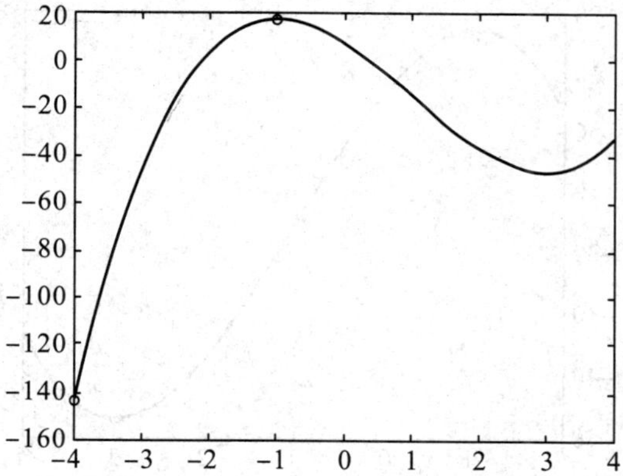

图 2-12　例 2.15 函数 $y=2x^3-6x^2-18x+7$ 在区间[-4, 4]上的部分图像

由图 2-12 可见，函数的最大值在极大值点处取得，函数的最小值在区间端点处取得。也就是说，MATLAB 只找到了区间[-4, 4]上的极大值，没有找到极小值。要想找到极小值，需要读者自己定义区间。

将例 2.15 中的区间改为[-2, 4]，即可找到该区间上函数的极小值。

输入命令：

```
x=-2:0.1:4;
y=2*x.^3-6*x.^2-18*x+7;
plot(x, y), hold on
[x1, miny]=fminbnd('2*x.^3-6*x.^2-18*x+7', -2, 4)
[x2, y2]=fminbnd('-(2*x.^3-6*x.^2-18*x+7)', -2, 4)
maxy=-y2
plot(x1, miny, 'o')
plot(x2, maxy, 'o')
```

运行结果：

```
x1 =
     3.0000
miny =
   -47.0000
x2 =
   -1.0000
y2 =
   -17.0000
```

```
maxy=
    17.0000
```

图 2-13 为例 2.15 函数 $y=2x^3-6x^2-18x+7$ 在区间[-2, 4]上的部分图像。

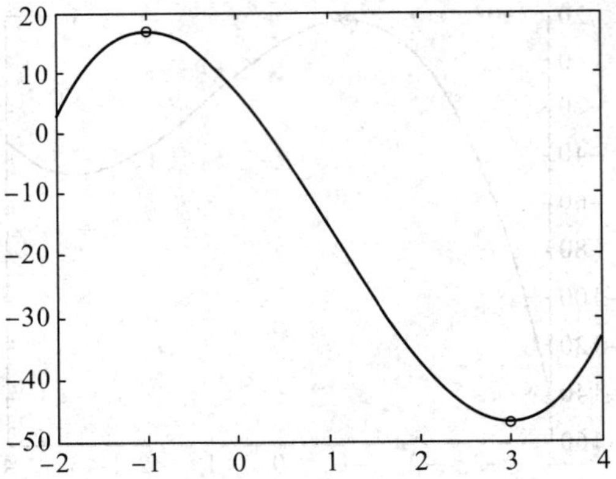

图 2-13　例 2.15 函数 $y=2x^3-6x^2-18x+7$ 在区间[-2, 4]上的部分图像

由图 2-13 可见，函数的最大值在极大值点处取得，函数的最小值在极小值点处取得。此时，MATLAB 找到了该区间上的极大值和极小值。

（二）用解析法求目标函数的极值和最值

用解析法求可导函数的极值，做法是：先用 diff 命令求函数的导数；再用 solve 命令求导函数为零的点，即函数的驻点；最后用 plot 命令画出函数的图像，结合图像判断驻点是否为极值点。或者用 diff(dy)命令求函数的二阶导数，再用 limit 命令求二阶导函数的值。

例 2.16　求函数 $y=2x^3-6x^2-18x+7$ 的极值。

解　通过解析计算和图解法求函数的极值。

输入命令：

```
syms x;
y='2*x^3-6*x^2-18*x+7';
dy=diff(y)
t=solve(dy)
y1=2*t.^3-6*t.^2-18*t+7
```

运行结果：

```
dy =
    6*x^2-12*x-18
t =
    [-1]
    [3]
y1 =
    [17]
```

```
[－47]
```

故函数的驻点为 $x=-1$ 和 $x=3$，对应的函数值分别为 17 和－47。

接下来绘制函数图像判断驻点是否为极值点，不妨在区间[－4，4]上绘图，输入命令：

```
t=－4：0.1：4；
y=2 * t.^3－6 * t.^2－18 * t+7；
plot(t，y)
```

图 2-14 为例 2.16 函数 $y=2x^3-6x^2-18x+7$ 部分图像。

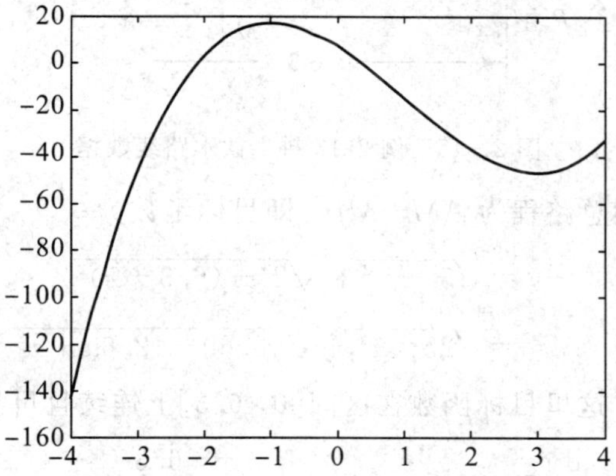

图 2-14　例 2.16 函数 $y=2x^3-6x^2-18x+7$ 部分图像

由图 2-14 可见，函数在驻点 $x=-1$ 和 $x=3$ 处取得极值，故极大值为 $f(-1)=17$，极小值为 $f(3)=-47$。

由取极值的第二充分条件，继续求二阶导数。

输入命令：

```
d2y=diff(dy)
z1=limit(d2y，x，－1)
z2=limit(d2y，x，3)
```

运行结果：

```
d2y =

      12 * x－12

z1 =

      －24

z2 =

      24
```

驻点－1 和 3 处的二阶导数分别为－24 和 24，由取极值的第二充分条件得，$x=-1$ 和 $x=3$ 分别是函数的极大值点和极小值点。

二、应用实例

例 2.17(耕牛饮水路线问题)　耕牛在地点 A 工作完毕后要回到棚舍 B，途中必须到河

流 PQ 边 M 处饮水，根据如图 2-15 所示的数据，求出饮水点 M 的最佳位置，使这头牛走过路程的总和最小。

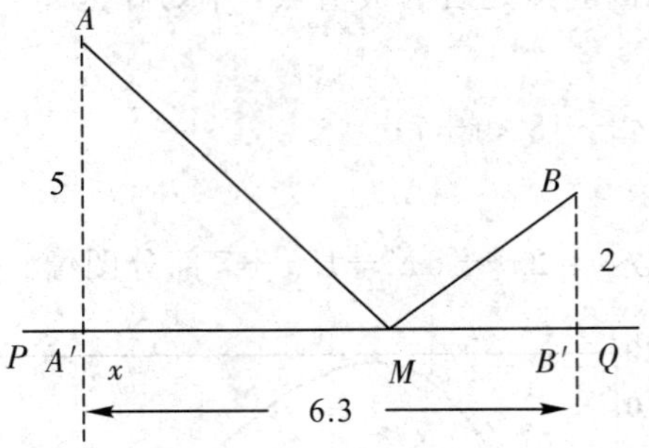

图 2-15 例 2.17 耕牛饮水路线数据

解 设 $A'M=x$，则总路程为 $AM+MB$，即目标函数为

$$y=\sqrt{5^2+x^2}+\sqrt{2^2+(6.3-x)^2}$$
$$=\sqrt{25+x^2}+\sqrt{43.69-12.6x+x^2}$$

其定义域为 $0\leqslant x\leqslant 6.3$。这里目标函数在区间[0, 6.3]上连续且可导，其导数为

$$\frac{\mathrm{d}y}{\mathrm{d}x}=\frac{x}{\sqrt{25+x^2}}+\frac{x-6.3}{\sqrt{43.69-12.6x+x^2}}$$

令 $\frac{\mathrm{d}y}{\mathrm{d}x}=0$，可得目标函数在区间[0, 6.3]上唯一的驻点 $x=4.5$。

因为目标函数在[0, 6.3]上可导，驻点唯一，从实际意义上看目标函数的最小值确实在区间[0, 6.3]上，所以唯一的驻点 $x=4.5$ 就是目标函数的最小值点。从而可得结论：耕牛饮水点 M 的位置应取在 $A'B'$ 上使 $A'M=4.5$ 处。

例 2.18（两辆汽车之间的最近距离问题） 某处立交桥上、下是两条互相垂直的公路，一条是东西走向，一条是南北走向。现在有一辆汽车在桥下南方 100 m 处，以 20 m/s 的速度向北行驶；而另一辆汽车在桥上西方 150 m 处，以 20 m/s 的同样速度向东行驶，已知桥高 10 m，问经过多少时间两辆汽车之间距离最小？求它们之间的最小距离。

解 容易求得，在时刻 t 两辆汽车之间的距离为

$$s=\sqrt{(100-20t)^2+10^2+(150-20t)^2}$$
$$=\sqrt{32\,600-10\,000t+800t^2}$$

这就是目标函数，其定义域为 $t\geqslant 0$。求导得

$$\frac{\mathrm{d}s}{\mathrm{d}t}=-\frac{-5000+800t}{\sqrt{32\,600-10\,000t+800t^2}}$$

令 $\frac{\mathrm{d}s}{\mathrm{d}t}=0$，可得到唯一驻点 $t=6.25$，由于

(1) $0\leqslant t<6.25$ 时，$\frac{\mathrm{d}s}{\mathrm{d}t}<0$；

(2) $t>6.25$ 时，$\frac{ds}{dt}>0$。

所以经过 6.25 s，两辆汽车之间有最小距离：

$$s_{\min}=\sqrt{32600-10000\times6.25+800\times6.25^2}=240(\text{m})$$

例 2.19(枪榴弹打到了日本鬼子的头上)　我军早年武器专家吴运铎在《把一切献给党》一书中讲述了一个抗日战争期间有趣的故事。他制造了一种叫“枪榴弹”的新式武器，在一次实战使用中，结果没打着冲锋在前面的伪军，而打到了躲在小山后休息的日本鬼子的头上。

假设我们制造的这种武器在射击时，枪榴弹以初速度为 140 m/s 离开枪口，又假设日本鬼子躲在距离我军 1750 m 远处山后，而小山位于我军与日本鬼子的正中间，其高度为 700 m，试求恰能打中日本鬼子的弹道曲线方程。

分析：本问题与上一问题有所不同，这里不是求最大距离，而是在距离确定的条件下，先求投射角，再验证抛物线顶点的高度大于山的高度。

解　设投射角为 α，由于枪榴弹之初速度为 140 m/s，弹道曲线方程为

$$\begin{cases}x=140t\cos\alpha\\ y=140t\sin\alpha-\dfrac{1}{2}gt^2=140t\sin\alpha-4.9t^2\end{cases}$$

消去 t，可得

$$y=x\tan\alpha-\frac{1}{4000}x^2\sec^2\alpha$$

将 $x=1750$，$y=0$ 代入得 $\sin2\alpha=\frac{7}{8}$，解得

$$\alpha_1=30.5°,\quad \alpha_2=59.5°$$

在 $\alpha=\alpha_1=30.5°$时，抛物线的顶点纵坐标为

$$y_1=875\tan30.5°-\frac{875^2}{4000}\sec^2 30.5°\approx257.6(\text{m})$$

在 $\alpha=\alpha_2=59.5°$时，抛物线的顶点纵坐标为

$$y_2=875\tan59.5°-\frac{875^2}{4000}\sec^2 59.5°\approx742.2(\text{m})$$

显然只有后者才能使抛物线的顶点高度更大，也就是说只要小山的高度不超过 742 m，我们的枪榴弹就一定能够打到躲在山后离我军 1750 m 远处的日本鬼子。由此可知恰能打中日本鬼子的弹道曲线是

$$y=x\tan59.5°-\frac{1}{4000}x^2\sec^2 59.5°$$

例 2.20(方形容器制作问题)　用一块边长为 24 cm 的正方形铁皮，在其四个角各截去一块面积相等的小正方形，做成无盖的铁盒。问截去的小正方形边长为多少时，做出的铁盒容积最大。

分析：

(1) 建立模型。设截去的小正方形边长为 x cm，做成无盖的铁盒容积为 V cm^3，则

$$V=x(24-2x)^2 \quad (0<x<12)$$

(2) MATLAB 求解。

输入命令：

```
f ='x*(24-2*x)^2';
f1='-1*x*(24-2*x)^2';
ezplot(f,[0,12])
hold on
[x0,ymin]=fminbnd(f1,0,12)
ymax=-ymin
plot(x0,ymax,'o')
```

运行结果：

```
x0 =
        4.0000
ymin =
        -1.0240e+003
ymax=
        1.0240e+003
```

图 2-16 为方形容器函数图像。

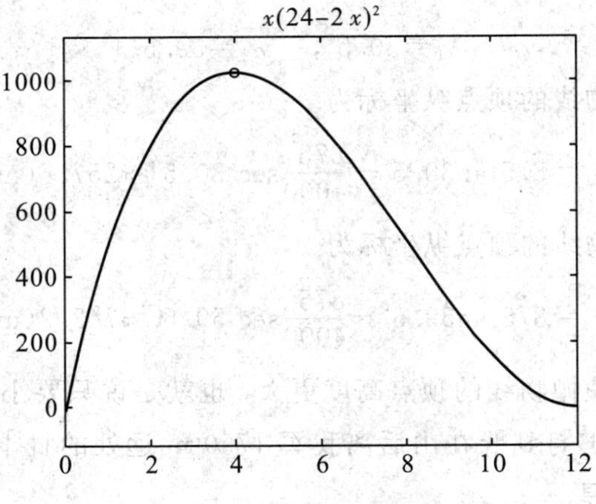

图 2-16 方形容器函数图像

当截去的小正方形边长为 4 cm 时，做出的铁盒容积最大，为 1024 cm^3。

例 2.21(圆锥容器制作问题) 现有半径 $R=1$ m 的圆形铁板，剪去一个扇形将其制成圆锥容器，问如何切割使容积最大？

分析：

图 2-17 为圆锥容器制作图样。

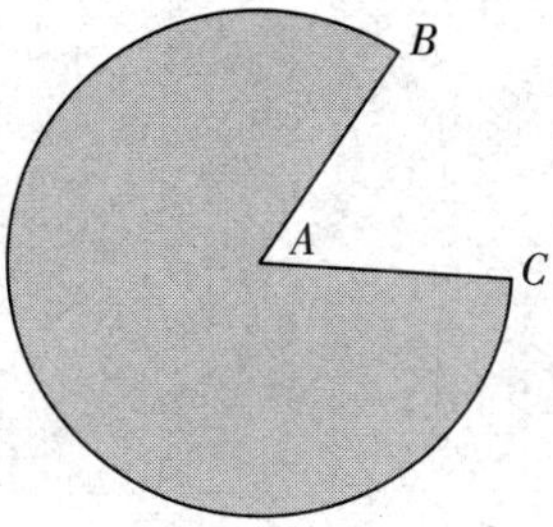

图 2－17　圆锥容器制作图样

(1) 建立模型。如图 2－17 所示，设剪去扇形后，所余下的铁板圆心角为 x，则所围成的圆锥底圆周长为 Rx，圆锥底半径为 $r=\frac{Rx}{2\pi}$，而圆锥高为

$$h=\sqrt{R^2-r^2}=\frac{R}{2\pi}\sqrt{4\pi^2-x^2}$$

所以圆锥体积为

$$V=\frac{R^3}{24\pi^2}x^2\sqrt{4\pi^2-x^2}\quad(0\leqslant x\leqslant 2\pi)$$

(2) MATLAB 求解。这是一个求一元函数最大值的问题，为了用 MATLAB 求解，将其转化为求一元函数最小值问题。MATLAB 程序如下：

```
fun=inline('-x.^2.*sqrt(4*pi^2-x.^2)');
fun1=inline('x.^2.*sqrt(4*pi^2-x.^2)');
x=fminbnd(fun,0,6);
R=1;
r=R*x/2/pi
h=sqrt(R*R-r*r)
Vmax=pi*r*r*h/3
x0=x*180/pi
360-x0
t=3.2:.1:6;
yt=fun(t);
fplot(fun1,[0,6]),hold on
plot(t,-yt,'r*')
```

运行结果：

```
x =
    5.1302
r=
    0.8165
h=
```

```
        0.5773
    Vmax=
        0.4031
    x0=
        293.9389
    ans=
        66.0611
```

所以，圆锥的最大容积为 V_{max}=0.4031 m^3，圆锥高度和半径分别为 h=0.5773 m，r=0.8165 m，剪去扇形角度应该取 66°，余下的铁板圆心角约为 x=294°，即 5.13 弧度。函数在区间[0，6]内的图像以及最大值点如图 2-18 所示。

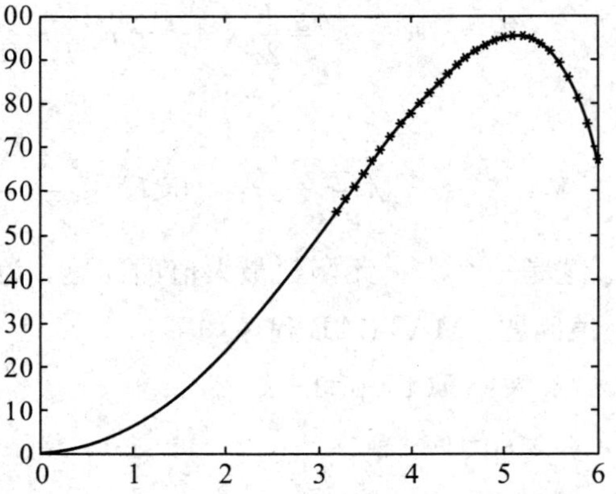

图 2-18　函数在区间[0，6]内的图像以及最大值点

例 2.22(梯子直立问题)　在花园靠楼房处有一温室，温室伸入花园 2 m、高 3 m。温室上方是二层楼房的窗台，要将梯子从花园地上放靠在楼房墙上而不损坏温室，用 7 m 的梯子是否可行？

分析：

(1) 建立模型。设梯子长度为 L，梯子与地面的角度为 α。将梯子长度设想为温室上方部分与温室侧面部分，则有第一个数学模型：

$$L(\alpha)=\frac{3}{\sin\alpha}+\frac{2}{\cos\alpha}$$

函数的最小值是梯子长度下限，显然 α 变化的大范围是 $\left[0,\ \frac{\pi}{2}\right]$，实际计算时将区间适当缩小。

设梯子在花园地面上放置点距温室的距离为 x，则有第二个数学模型：

$$L(x)=\left(1+\frac{2}{x}\right)\sqrt{x^2+3^2}$$

函数的最小值是梯子长度下限值，根据实际情况猜测变化范围为[2，4]。

(2) MATLAB 求解。

输入命令：

```
fun=inline('3./sin(alpha)+2./cos(alpha)');
figure(1)
fplot(fun, [pi/6, 2*pi/5]), hold on
[x0, y0]=fminbnd(fun, 0, pi/2)
plot(x0, y0, 'o')
fun1=inline('(1+2./x).*sqrt(x.^2+9)');
figure(1)
fplot(fun1, [2, 4]), hold on
[x1, y1]=fminbnd(fun1, 2, 4)
plot(x1, y1, 'o')
```

运行结果：

```
x0=
    0.8528
y0=
    7.0235
x1=
    2.6207
y1=
    7.0235
```

如图 2－19 所示为梯子直立问题所建立的函数图形。

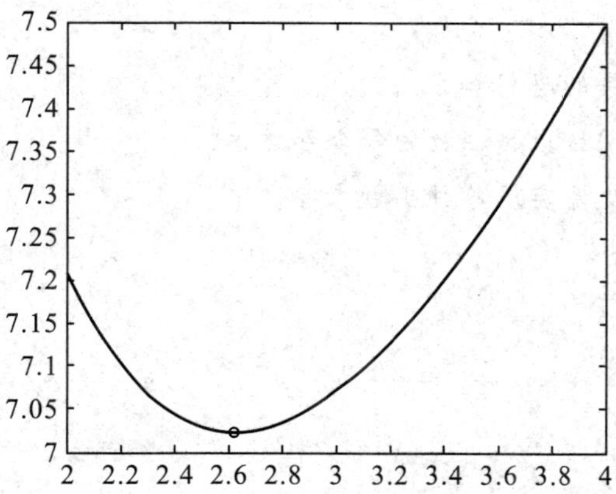

图 2－19　梯子直立问题所建立的函数图形

例 2.23（梯子转弯问题）　在一个煤矿的矿道里，矿工扛了一架梯子打算通过交叉矿道口，已知横向矿道宽 5 m，纵向矿道宽 3 m，两个矿道相交成 120°，问通过矿道的梯子限长多少？

分析：(1) 建立模型。设梯子与横向矿道角度为 α，由于两个矿道相交成 120°，而梯子与纵向矿道夹角为(60°－α)。将梯子长度设想为横向矿道部分和纵向矿道部分之和，则有目标函数：

$$L(\alpha)=\frac{5}{\sin\alpha}+\frac{3}{\sin\left(\frac{\pi}{3}-\alpha\right)}$$

(2) MATLAB求解。

输入命令：

```
fun=inline('5./sin(alpha)+3./sin(pi/3-alpha)');
fplot(fun, [pi/6, 2*pi/5]), hold on
[alpha, L]=fminbnd(fun, 0, pi/2)
plot(alpha, L, 'o')
```

运行结果：

```
alpha=
    0.5865
L=
    15.7823
```

任务三　一阶及高阶导数的MATLAB实现

任务目标

1. 巩固理论知识求导的思想和方法。
2. 熟练掌握MATLAB求导函数的命令和方法。
3. 应用MATLAB软件实现各种函数求导。

知识链接

一、理论知识

掌握基本函数的求导公式以及复合函数的求导公式。

二、命令函数

在本项目中涉及的MATLAB相关命令如表2-2所示。

表 2-2　MATLAB 相关命令

命　令	功　　能	示　范
sym()	定义单个符号变量	sym('x')
syms	定义多个符号变量	syms x y z
diff()	求 n 阶导数	diff(y，x，n)
figure()	新建立窗口	figure(1)
subplot()	将多个图形放到一个平面上的工具	subplot(1，2，1)
Grid on/off	显示或隐藏坐标网格线	
ezplot	绘图	ezplot(z)

三、函数求导的 MATLAB 实现

例 2.24　设 $y=\arcsin x$，求 $\dfrac{dy}{dx}$。

解　在 MATLAB 命令工作区的">>"后输入：

```
>>syms x
>> y=asin(x);
%对函数求导
>> z=diff(y, x)
%把窗口拆分为两个子窗口绘图
>>subplot(1, 2, 1), ezplot(y), grid
>>subplot(1, 2, 2), ezplot(z), grid
```

运行结果：

```
z =
1/(1 - x^2)^(1/2)
```

图 2-20 为例 2.24 arcsin$x$ 的部分函数图像和 arcsin$x$ 的导数部分函数图像。

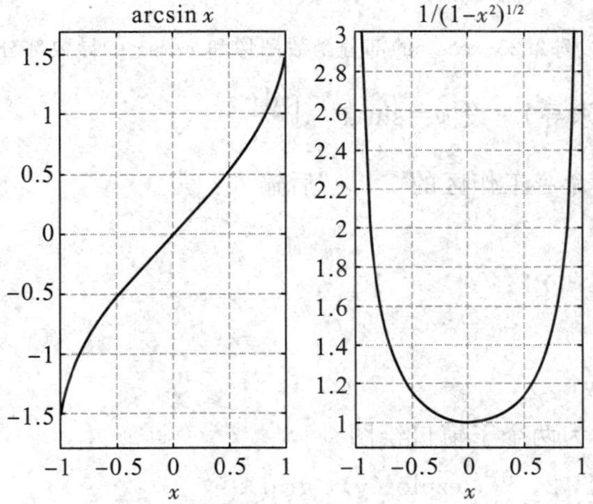

图 2-20　例 2.24 arcsin$x$ 的部分函数图像和 arcsin$x$ 的导数部分函数图像

例 2.25 设 $y=x\cos x$，求$\frac{dy}{dx}$。

解 在 MATLAB 命令工作区的“>>”后输入：

```
>>syms x
>> y=x*cos(x);
%对函数求导
>> z=diff(y, x)
%把窗口拆分为两个子窗口绘图
>>subplot(1, 2, 1), ezplot(y), grid
>>subplot(1, 2, 2), ezplot(z), grid
```

运行结果：

```
z=
cos(x)-x*sin(x)
```

图 2-21 为例 2.25 $x\cos x$ 的部分函数图像和 $x\cos x$ 的导数部分函数图像。

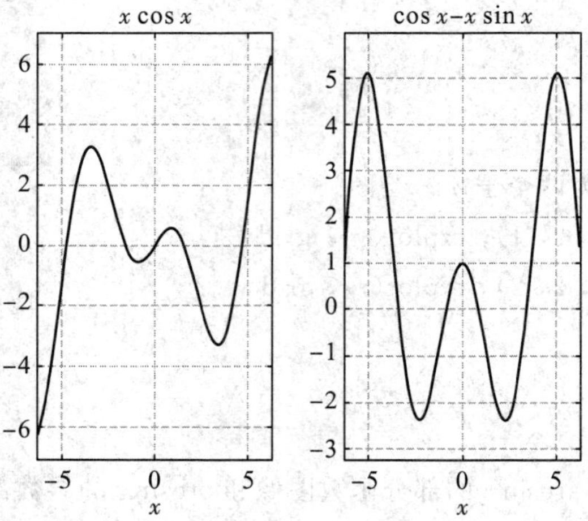

图 2-21 例 2.25 $x\cos x$ 的部分函数图像和 $x\cos x$ 的导数部分函数图像

例 2.26(复合函数求导) 设 $y=\sin^2 x$，求$\frac{dy}{dx}$。

解 在 MATLAB 命令工作区的“>>”后输入：

```
>>syms x
>> y=(sin(x))^2;
%对函数求导
>> z=diff(y, x)
%把窗口拆分为两个子窗口绘图
>>subplot(1, 2, 1), ezplot(y), grid
>>subplot(1, 2, 2), ezplot(z), grid
```

运行结果：

```
z =
2 * cos(x) * sin(x)
```

图 2-22 为例 2.26 $\sin^2 x$ 的部分函数图像和 $\sin^2 x$ 的导数部分函数图像。

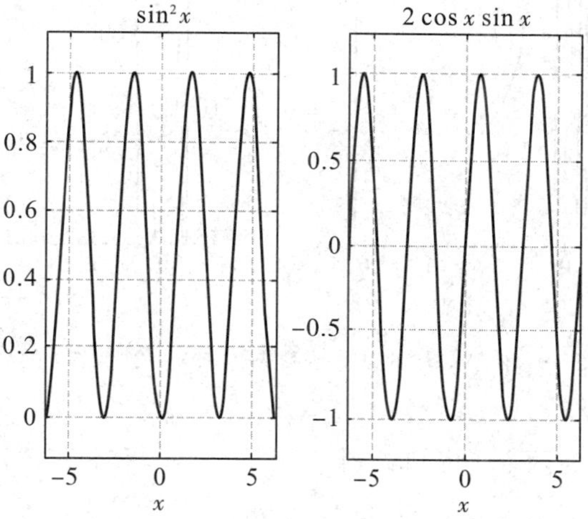

图 2-22　例 2.26 $\sin^2 x$ 的部分函数图像和 $\sin^2 x$ 的导数部分函数图像

例 2.27(复合函数求导)　设数 $y=2^{\ln\tan\left(\frac{1}{x}\right)}$，求$\frac{dy}{dx}$。

解　在 MATLAB 命令工作区的"＞＞"后输入：

```
>>syms x
>> y=2^log(tan(1/x));
%对函数求导
>> z=diff(y, x)
%把窗口拆分为两个子窗口绘图
>>subplot(1, 2, 1), ezplot(y), grid
>>subplot(1, 2, 2), ezplot(z), grid
```

运行结果：

```
z =
-(2^log(tan(1/x)) * log(2) * (tan(1/x)^2 + 1))/(x^2 * tan(1/x))
```

图 2-23 为例 2.27$y=2^{\ln\tan\left(\frac{1}{x}\right)}$的部分函数图像和$y=2^{\ln\tan\left(\frac{1}{x}\right)}$的导数部分函数图像。

例 2.28(幂指函数求导)　设 $y=x^x$，求$\frac{dy}{dx}$。

解　在 MATLAB 命令工作区的"＞＞"后输入：

```
>>syms x
>> y=x^x;
%对函数求导
```

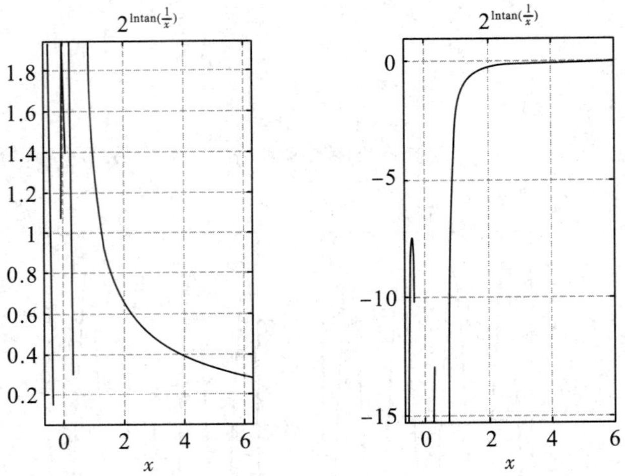

图 2-23　例 2.27 $y=2^{\ln\tan(\frac{1}{x})}$ 的部分函数图像和 $y=2^{\ln\tan(\frac{1}{x})}$ 的导数部分函数图像

```
>> z=diff(y, x)
%把窗口拆分为两个子窗口绘图
>>subplot(1, 2, 1), ezplot(y), grid
>>subplot(1, 2, 2), ezplot(z), grid
```

运行结果：

```
z =
x * x^(x - 1) + x^x * log(x)
```

图 2-24 为例 2.28 $y=x^x$ 的部分函数图像和 $y=x^x$ 的导数部分函数图像。

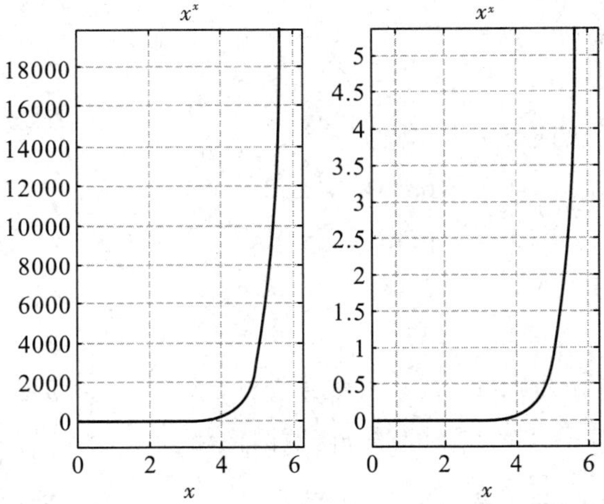

图 2-24　例 2.28 $y=x^x$ 的部分函数图像和 $y=x^x$ 的导数部分函数图像

例 2.29（隐函数求导）　设函数 $y=f(x)$是由函数方程 $e^y-xy+e^x=0$ 所确定的隐函数，求$\frac{dy}{dx}$。

解　在 MATLAB 命令工作区的“>>”后输入：

```
>>syms x y
>> f=exp(y)-x*y+exp(x);
%对函数求导
>> z=-diff(f, x)/diff(f, y)
%把窗口拆分为两个子窗口绘图
>>subplot(1, 2, 1), ezplot(f), grid
>>subplot(1, 2, 2), ezplot(z), grid
```

运行结果：

```
z =
-(y - exp(x))/(x - exp(y))
```

图 2-25 为例 2.29 $e^y-xy+e^x=0$ 所确定的隐函数部分函数图像和其导数部分函数图像。

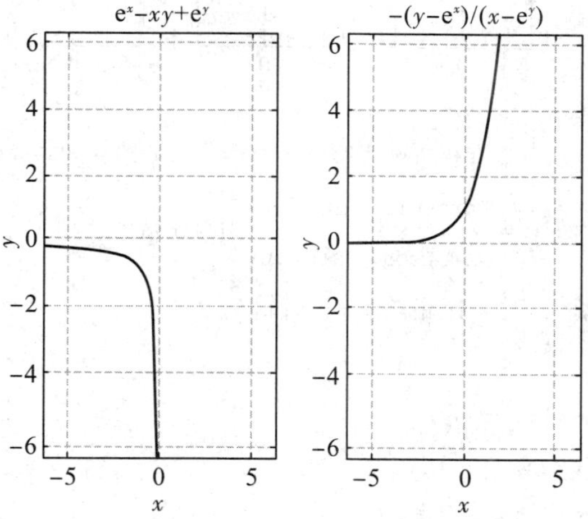

图 2-25　例 2.29 $e^y-xy+e^x=0$ 所确定的隐函数部分函数图像和其导数部分函数图像

例 2.30(参数方程求导)　已知参数方程 $\begin{cases} x=a\cos t \\ y=a\sin t \end{cases}$ (t 为参数)，求 $\frac{dy}{dx}$。

解　在 MATLAB 命令工作区的“>>”后输入：

```
>>syms a t
>> y=a*sin(t);
>> x=a*cos(t);
%对函数求导
>> z=diff(y, t)/diff(x, t)
%把窗口拆分为三个子窗口绘图
>>subplot(1, 3, 1), ezplot(y), grid
>>subplot(1, 3, 2), ezplot(x), grid
>>subplot(1, 3, 3), ezplot(z), grid
```

运行结果：

```
z =
-cos(t)/sin(t)
```

图 2-26 为例 2.30 参数方程所确定的隐函数部分函数图像和其导数部分函数图像。

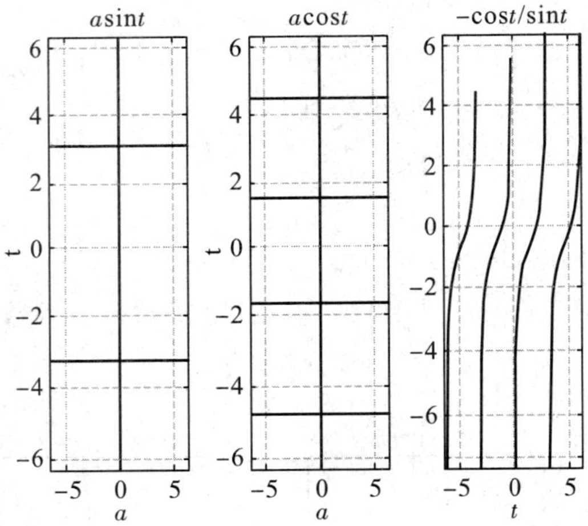

图 2-26　例 2.30 参数方程所确定的隐函数部分函数图像和其导数部分函数图像

例 2.31　求矩阵函数 $\boldsymbol{y}=\begin{bmatrix}\arcsin x & \arccos x\\ \arctan x & \text{arccot}\,x\end{bmatrix}$的导数。

解　在 MATLAB 命令工作区的">>"后输入：

```
>>syms x
>> y1=asin(x);
>> y2=acos(x);
>> y3=atan(x);
>> y4=acot(x);
%建立符号矩阵
>> y=[y1 y2; y3 y4];
%计算符号矩阵的导数
>> z=diff(y, x)
%新建立窗口，画出矩阵函数图形
>>figure(1)
>>subplot(2, 2, 1), ezplot(y1), grid
>>subplot(2, 2, 2), ezplot(y2), grid
>>subplot(2, 2, 3), ezplot(y3), grid
>>subplot(2, 2, 4), ezplot(y4), grid
%新建立窗口，画出矩阵函数导数图形
>>figure(2)
```

```
>>subplot(2, 2, 1), ezplot(z(1)), grid
>>subplot(2, 2, 2), ezplot(z(2)), grid
>>subplot(2, 2, 3), ezplot(z(3)), grid
>>subplot(2, 2, 4), ezplot(z(4)), grid
```

运行结果：

```
z =
[ 1/(1 - x^2)^(1/2), -1/(1 - x^2)^(1/2)]
[        1/(x^2 + 1),          -1/(x^2 + 1)]
```

图 2-27 为例 2.31 矩阵函数部分函数图像和其导数部分函数图像。

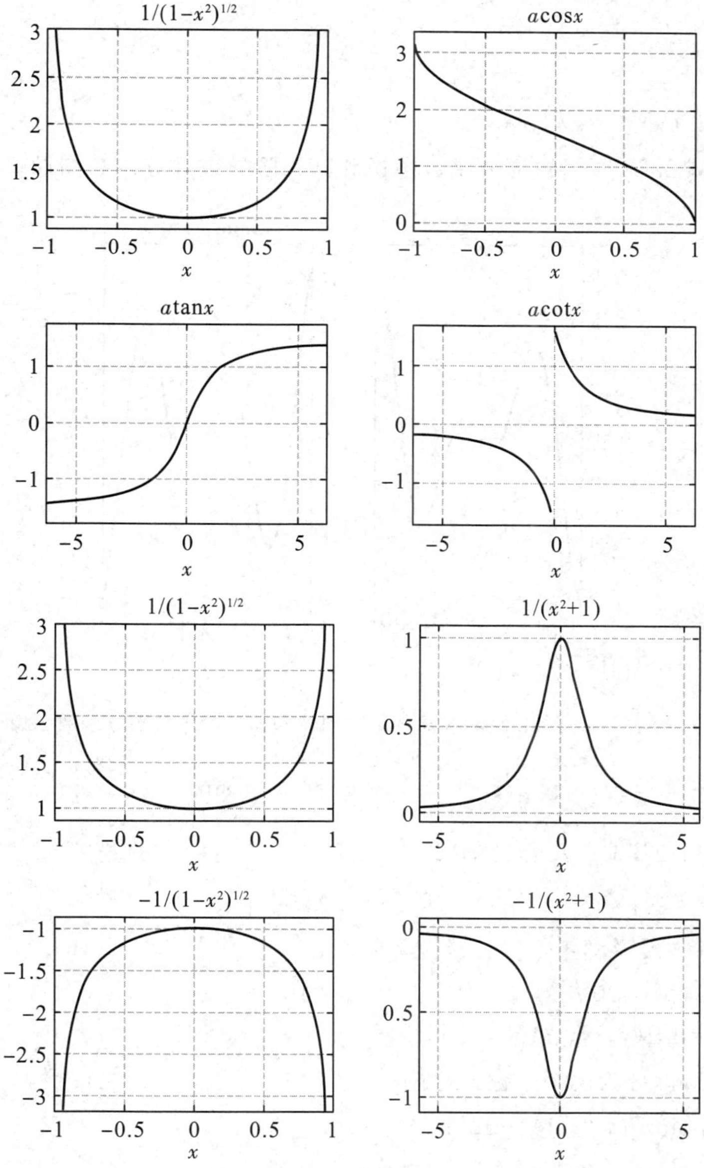

图 2-27　例 2.31 矩阵函数部分函数图像和其导数部分函数图像

例 2.32(求二阶导数) 设 $y=x\cos x$，求$\frac{d^2y}{dx^2}$。

解 在 MATLAB 命令工作区的“>>”后输入：

```
>>syms x
>> y=x * cos(x);
%对函数求二阶导数
>> z=diff(y, x, 2)
%把窗口拆分为两个子窗口绘图
>>subplot(1, 2, 1), ezplot(y), grid
>>subplot(1, 2, 2), ezplot(z), grid
```

运行结果：

```
z =
- 2 * sin(x) - x * cos(x)
```

图 2-28 为例 2.32 原函数部分函数图像和其二阶导数部分函数图像。

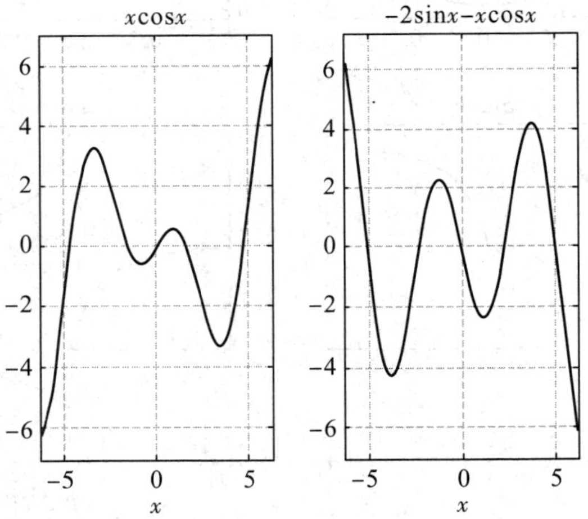

图 2-28 例 2.32 原函数部分函数图像和其二阶导数部分函数图像

例 2.33(求三阶导数) 设函数 $y=x^4+2x^3-3x^2+\sin x-1$，求$\frac{d^3y}{dx^3}$。

解 在 MATLAB 命令工作区的“>>”后输入：

```
>>syms x
>> y=x^4+2 * x^3-3 * x^2+sin(x)-1;
%对函数求三阶导数
>> z=diff(y, x, 3)
%把窗口拆分为两个子窗口绘图
>>subplot(1, 2, 1), ezplot(y), grid
>>subplot(1, 2, 2), ezplot(z), grid
```

运行结果：

```
z =
24 * x - cos(x) + 12
```

图 2 - 29 为例 2.33 原函数部分函数图像和其三阶导数部分函数图像。

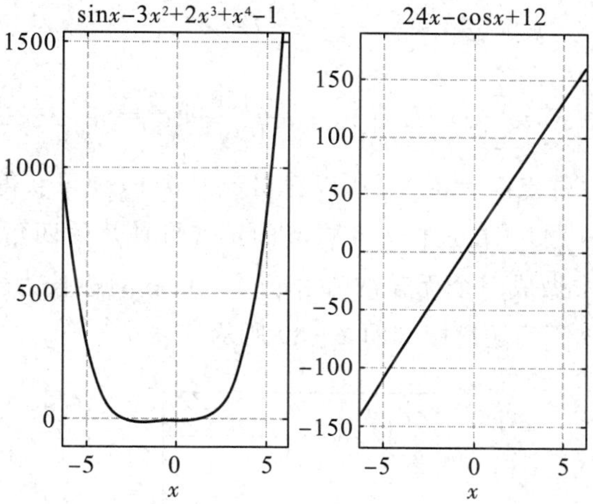

图 2 - 29　例 2.33 原函数部分函数图像和其三阶导数部分函数图像

四、应用实例(微分模型)

例 2.34(经济问题)　某房地产公司有 50 套公寓要出租，当租金定为每月 1800 元时，公寓会全部租出去。当租金每月增加 100 元时，就有一套公寓租不出去，而租出去的房子每月需花费 20 元的整修维护费。试问房租定为多少可获得最大收入？

【模型假设】

1. 每套公寓设施标准一样。

2. 增加的租金是 100 元的整数倍。

【符号说明】

x 表示每月房租费；$R(x)$表示每月总收入。

【模型建立】

租出去的房子的套数：

$$50-\frac{x-1800}{100}$$

每月总收入：

$$R(x)=(x-20)\left(50-\frac{x-1800}{100}\right)$$

【模型求解】

在 MATLAB 命令工作区的“>>”后输入：

```
>>syms x
>> R=(x-20)*(50-(x-1800)/100);
>>diff(R, x)
ans =
341/5 - x/50
```

即

$$R'(x)=\left[(x-20)\left(50-\frac{x-1800}{100}\right)\right]'=68\,\frac{1}{5}-\frac{x}{50}$$

令 $R'(x)=0$ 有唯一驻点 $x=3410$，所以房租定为 3410 元可获得最大收入。

例 2.35(体积最大问题) 在边长为 60 cm 的正方形铁片的四角上切去相等的正方形，再把它的边沿虚线折起，做成一个无盖的方底箱子，箱底的边长为多少时，箱子的容积最大？最大容积为多少？体积问题简图如图 2-30 所示。

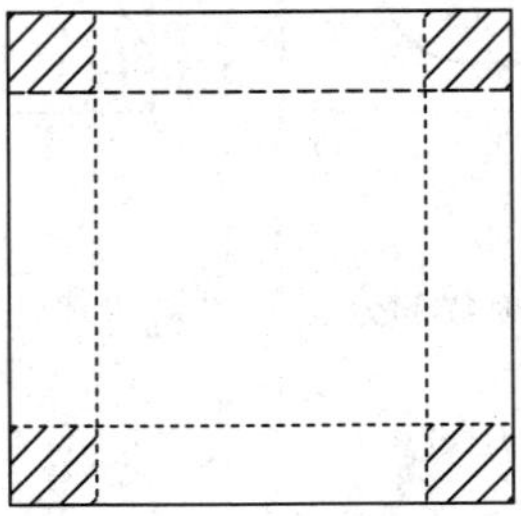

图 2-30 例 2.35 体积问题简图

【问题分析】

根据所给几何体的体积公式建模。

【模型假设】

假设该铁片材质均匀。

【符号说明】

设箱高为 x cm，则箱底边长为$(60-2x)$ cm，则得箱子容积 V 是 x 的函数。

【模型建立】

$$\begin{aligned}V(x)&=(60-2x)^2\cdot x\quad(0<x<30)\\&=4x^3-240x^2+3600x\end{aligned}$$

【模型求解】

在 MATLAB 命令工作区的“>>”后输入：

```
>>syms x
>> v=4*x^3-240*x^2+3600*x;
>>diff(v, x)
ans =
```

```
12 * x^2 - 480 * x + 3600
```

即

$$V'(x)=12x^2-480x+3600$$

令 $V'(x)=0$，得 $x=10$ 或 $x=30$（舍去）。

当 $0<x<10$ 时，$V'(x)>0$；当 $10<x<30$ 时，$V'(x)<0$；当 $x=10$ 时，$V(x)$ 取极大值，这个极大值就是 $V(x)$ 的最大值。所以当箱子的高为 10 cm，底面边长为 40 cm 时，箱子的体积最大。

例 2.36（费用最省问题）　有甲、乙两个工厂，甲厂位于一直线河岸的岸边 A 处，乙厂与甲厂在河的同侧，乙厂位于离河岸 40 km 的 B 处，乙厂到河岸的垂足 D 与 A 相距 50 km，两厂在此岸边合建一个供水站 C，从供水站到甲厂和乙厂的水管费用分别为每千米 $3a$ 元和 $5a$ 元，问供水站 C 建在岸边何处才能使水管费用最省？

【问题分析】

根据题设条件作出图形，分析各已知条件之间的关系，借助图形的特征，合理选择这些条件间的联系方式，适当选定变元，构造相应的函数关系，通过求导的方法或其他方法求出函数的最小值，可确定点 C 的位置。

图 2-31 为问题描述简图。

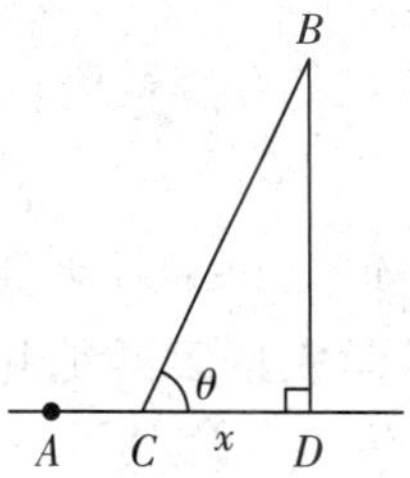

图 2-31　例 2.36 费用最省问题简图

【模型假设】

假设题设中的数据有效。

【符号说明】

设 C 点距 D 点 x km。

【模型建立】

根据题意知，只有点 C 在线段 AD 上的某一适当位置，才能使水管费最省。

因 $BD=40$，$AC=50-x$

故 $BC=\sqrt{BD^2+CD^2}=\sqrt{x^2+40^2}$

又设总的水管费用为 y 元，依题意有

$$y=3a(50-x)+5a\sqrt{x^2+40^2}\quad(0<x<50)$$

【模型求解】

在 MATLAB 命令工作区的“>>”后输入：

```
>>syms x a
>> y=3*a*(50-x)+5*a*sqrt(x^2+40^2);
>>diff(y, x)
ans =
(5*a*x)/(x^2 + 1600)^(1/2) - 3*a
```

即
$$y'=-3a+\frac{5ax}{\sqrt{x^2+40^2}}$$

令 $y'=0$，解得 $x=30$。

当 $0<x<30$ 时，$y'<0$；当 $30<x<50$ 时，$y'>0$。

因此函数在 $x=30$(km)处取得最小值，此时 $AC=50-x=20$(km)。所以供水站建在 A、D 之间距甲厂 20 km 处，可使水管费用最省。

例 2.37(利润最大问题) 某工厂生产某种产品，已知该产品的月产量 x(吨)与每吨产品的价格 P(元/吨)之间的关系为 $P=24\ 200-\frac{1}{5}x^2$，且生产 x 吨的成本为 $R=50\ 000+200x$(元)。问该产品每月生产多少吨才能使利润达到最大？最大利润是多少？(利润=收入－成本)

【问题分析】

根据题意，月收入=月产量×单价=px，月利润=月收入－成本=$px-(50\ 000+200x)(x\geqslant 0)$，列出函数关系式建立数学模型后再利用导数求最大值。

【模型假设】

假设题设中的数据有效。

【符号说明】

月产量为 x(吨)；每吨产品的价格为 P(元/吨)；生产 x 吨的成本为 R；每月生产 x 吨时的利润为 $f(x)$。

【模型建立】

每月生产 x 吨时的利润为

$$f(x)=\left(24\ 200-\frac{1}{5}x^2\right)x-(50\ 000+200x)$$

$$=-\frac{1}{5}x^3+24000x-50000\quad (x\geqslant 0)$$

【模型求解】

在 MATLAB 命令工作区的“>>”后输入：

```
>>syms x
```

```
>> f=-1/5*x^3+24000*x-50000;
>>diff(f, x)
ans =
24000 - (3*x^2)/5
```

即
$$f'(x)=-\frac{3}{5}x^2+24\ 000$$

令 $f'(x)=0$，解得
$$x_1=200,\ x_2=-200(\text{舍去})$$

因 $f(x)$在$[0, +\infty)$内只有一个点 $x=200$ 使 $f'(x)=0$，故它就是最大值点，且最大值为
$$f(200)=-\frac{1}{5}\times 200^3+24\ 000\times 200-50\ 000=3\ 150\ 000(\text{元})$$
所以每月生产 200 吨产品时利润达到最大，最大利润为 315 万元。

项目小结

在大数据时代下，除了要掌握相关理论知识，更要学会应用现代信息技术手段。本项目主要学习运用 MATLAB 软件求解函数的极限、导数、极值问题。

通过本项目的实施，学生重点掌握以下理论知识和技能：

1. 利用 MATLAB 计算函数的极限。
2. 利用 MATLAB 计算两个重要的极限。
3. 运用 MATLAB 软件相关命令求函数的导数。
4. 应用导数解决实际问题，实现数学建模的全过程。
5. 运用函数求极值的基本步骤。
6. 利用 MATLAB 优化工具箱中的 fminbnd 函数、fminunc 函数、fminsearch 函数求目标函数的极值与最值。
7. 利用 MATLAB 解析法求目标函数的极值与最值。

思考与练习

1. 试求出下列函数极限。

(1) $\lim\limits_{x\to\infty}(3^x+9^x)^{\frac{1}{x}}$ (2) $\lim\limits_{\substack{x\to 0\\ y\to 0}}\frac{xy}{\sqrt{xy+1}-1}$ (3) $\lim\limits_{\substack{x\to 0\\ y\to 0}}\frac{1-\cos(x^2+y^2)}{(x^2+y^2)e^{x^2+y^2}}$

2. 试求出下列函数的极限。

(1) $\lim\limits_{n\to\infty}\left[\frac{1}{2^2-1}+\frac{1}{4^2-1}+\frac{1}{6^2-1}+\cdots+\frac{1}{(2n)^2-1}\right]$

(2) $\lim\limits_{n\to\infty} n\left(\frac{1}{n^2+\pi}+\frac{1}{n^2+2\pi}+\frac{1}{n^2+3\pi}+\cdots+\frac{1}{n^2+n\pi}\right)$

3. 对下列函数 $f(t)$进行 Laplace 变换。

(1) $f_a(t)=\frac{\sin\alpha t}{t}$ (2) $f_b(t)=t^5\sin\alpha t$ (3) $f_c(t)=t^8\cos\alpha t$

4. 对下列函数 $F(s)$进行 Laplace 反变换。

(1) $F_a(s)=\frac{1}{\sqrt{s^2}(s^2-a^2)(s+b)}$ (2) $F_b(s)=\sqrt{s-a}-\sqrt{s-b}$

(3) $F_c(s)=\ln\frac{s-a}{s-b}$

5. 用解析法，即 diff、solve 命令，求函数 $f(x)=3e^x\ln x$ 的极小值和极大值。

6. 求函数 $f(x)=3\sin x+x$ 在区间[1, 8]内的最小值，绘出函数图形并标出最小值点。

7. 求函数 $f(x)=0.5-xe^{(-x^2)}$ 在区间[0, 2]内的最小值，作图并标注最小值点。

8. 分别用 fminbnd、fminunc、fminsearch 函数命令，求函数 $f(x)=3e^x\ln x$ 的极小值和极大值。

9. 分别用 fminbnd、fminunc、fminsearch 函数命令，求函数 $f(x)=3e^x\ln x$ 的极大值和极小值。

10. 现在要求设计一张单栏的竖向张贴的海报，它的印刷面积为 1.28 m²，上下空白各 0.2 m，两边空白各 0.1 m，如何确定海报尺寸可使四周空白面积为最小？

11. 现在有全长为 12 000 m 的铁丝网，想利用这些铁丝网和借用一段直线河岸作为自然边界，围成两个长方形野生动物乐园。

假定要圈的野生动物乐园是两个相邻的长方形，它们都可以利用一段直线河岸为自然边界(图 2-32(a))。试确定该野生动物乐园长宽尺寸，以使其总面积为最大。

由于有一些动物会泅水逃跑，所以两个相邻的长方形野生动物乐园中必须有一个不能以河岸为自然边界(图 2-32(b))，这时又应该如何确定该野生动物乐园长宽尺寸，以使其总面积为最大？

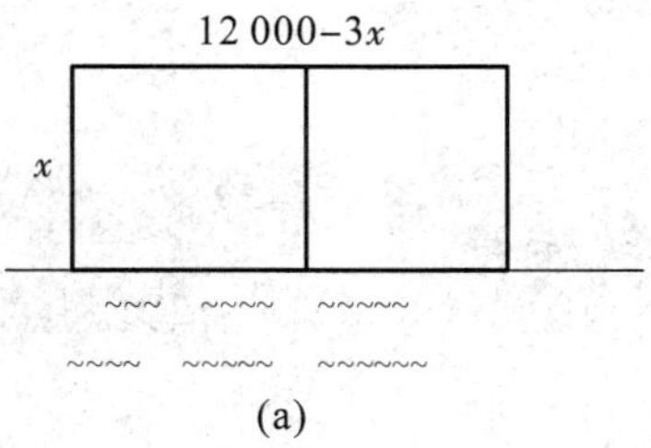

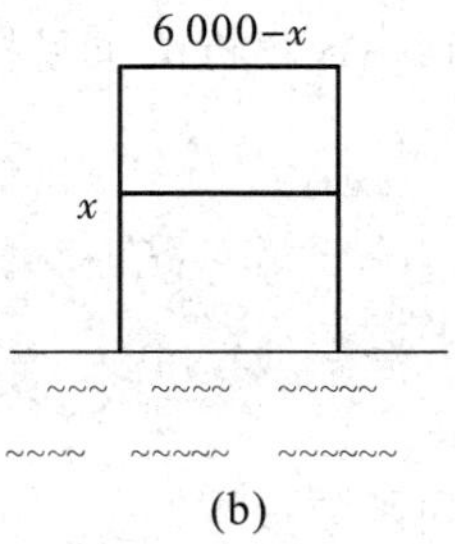

图 2-32 题 7 图

12. 设函数 $y=\ln\tan x$，求$\frac{dy}{dx}$。

13. 设函数 $y=\frac{1+\sin x}{1-\cos x}$，求$\frac{dy}{dx}$。

14. 设函数 $y=x^2\cos x$，求 $y^{(8)}$。

15. 设函数 $y=x^3 e^{2x}$，求 y^{100}。

16. 设函数 $y=2^{x\sin x}$，求$\frac{dy}{dx}$。

17. 设函数 $y=\sqrt{x+\sqrt{2x}}$，求$\frac{dy}{dx}$。

18. (工件的磨削问题)设某工件内表面的截线为抛物线 $y=0.4x^2$，现要用砂轮磨削其内表面，问用多大半径的砂轮比较合适?(提示：砂轮的半径应小于或等于抛物线上各处曲率半径的最小值。)

项目三 积分实验

项目分析

MATLAB软件可以实现高等数学积分的计算，利用MATLAB软件符号积分的命令，以及函数图形绘制技术计算不定积分和定积分。同时，利用这些命令可以解决一些实际问题，如求解面积、弧长、体积等问题。在科研计算中，一些很难用公式定理直接求出精确解的积分问题，都可以转化为数值积分，用计算机来实现求解。

知识目标

1. 掌握矩形公式在MATLAB中的算法。
2. 掌握梯形公式在MATLAB中的算法。
3. 掌握辛普森公式在MATLAB中的算法。
4. 掌握牛顿-柯茨公式在MATLAB中的算法。
5. 掌握自适应数值积分在MATLAB中的算法。
6. 掌握求不定积分和定积分的数学意义及常用计算方法。
7. 掌握在直角坐标系下用定积分计算平面图形的面积方法，会计算绕坐标轴旋转生成的旋转体。

任务一 积分的符号运算及应用

任务目标

1. 掌握MATLAB软件中关于符号积分运算的基本命令。
2. 通过作图和观察，深入理解不定积分和定积分的概念及几何意义。
3. 理解变上限积分的概念，提高应用积分解决各种实际问题的能力。

知识链接

微积分的学习过程中，不定积分的计算是比较麻烦的事情。和函数的导数运算比较，不定积分的计算要复杂很多，而 MATLAB 提供的 int 函数能有效地处理大部分的普通积分问题。它既可以用于计算不定积分，也可以用于计算定积分。

一、求积分的函数命令

int(f)：计算函数 f 关于 syms 定义的符号变量的不定积分。

int(f, x)：计算函数 f 关于变量 x 的不定积分。

注：MATLAB 软件求不定积分时，显示结果中不自动添加积分常数 C。

int(f, a, b)：计算函数 f 关于 syms 定义的符号变量从 a 到 b 的定积分。

int(f, x, a, b)：计算函数 f 关于变量 x 从 a 到 b 的定积分。

例 3.1　计算不定积分。

(1) $\int(5x^3-4x+3\sqrt{x})\mathrm{d}x$　　(2) $\int\frac{x\ln(1+x^2)}{1+x^2}\mathrm{d}x$　　(3) $\int\frac{1}{\sqrt{x}+\sqrt[3]{x}}\mathrm{d}x$

(4) $\int x^2\mathrm{e}^x\mathrm{d}x$　　(5) $\int\mathrm{e}^{-2x}\sin 3x\mathrm{d}x$　　(6) $\int\frac{\sin x}{x}\mathrm{d}x$

解　(1) MATLAB 命令如下：

```
clear all
syms x                              %定义符号变量 x
f1=5*x^3-4*x+3*sqrt(x);             %定义符号表达式
y1=int(f1,x)                        %以 x 为积分变量积分
```

运行结果：

```
y1 =
(5*x^4)/4 - 2*x^2 + 2*x^(3/2)
```

可得

$$\int(5x^3-4x+3\sqrt{x})\mathrm{d}x=\frac{5}{4}x^4-2x^2+2x^{\frac{3}{2}}+C$$

绘制被积函数和积分函数的命令如下：

```
subplot(1, 2, 1), ezplot(f1), title('f1=5*x^3-4*x+3*sqrt(x)');
subplot(1, 2, 2), ezplot(y1), title('y1 =(5*x^4)/4 - 2*x^2 + 2*x^(3/2)');
```

如图 3-1 所示为例 3.1 当中(1)的被积函数和积分函数图像。

(2) MATLAB 命令如下：

```
clear all
syms x                              %定义符号变量 x
f2=x*log(1+x^2)/(1+x^2);            %定义符号表达式
y2=int(f2, x)                       %以 x 为积分变量积分
```

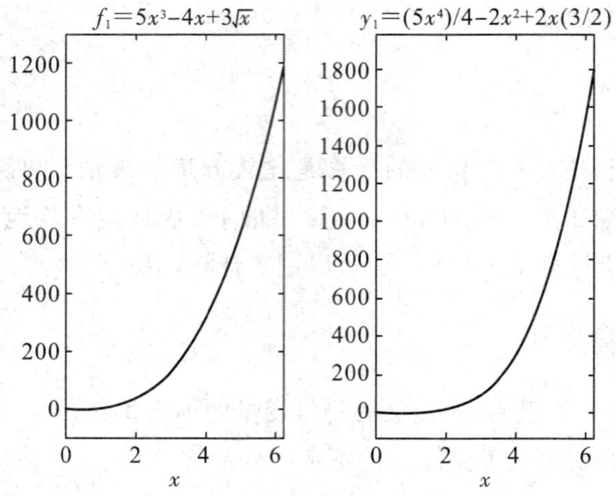

图 3-1　例 3.1 当中(1)的被积函数和积分函数图像

运行结果：

```
y2 =
log(x^2 + 1)^2/4
```

可得

$$\int \frac{x\ln(1+x^2)}{1+x^2}\mathrm{d}x = \frac{1}{4}\ln(x^2+1)^2 + C$$

绘制被积函数和积分函数的命令如下：

```
subplot(1, 2, 1), ezplot(f2), title('f2=x*log(1+x^2)/(1+x^2)');
subplot(1, 2, 2), ezplot(y2), title('y2=log(x^2 + 1)^2/4');
```

如图 3-2 所示为例 3.1 当中(2)的被积函数和积分函数图像。

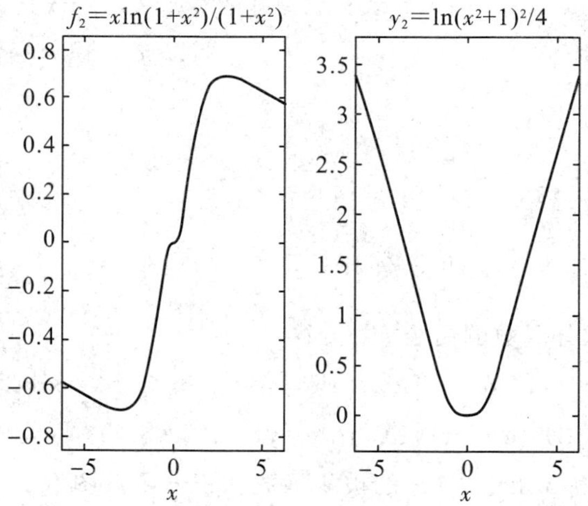

图 3-2　例 3.1 当中(2)的被积函数和积分函数图像

(3) MATLAB 命令如下：

```
clear all
syms x                                  %定义符号变量 x
```

```
f3=1/(x^(1/2)+x^(1/3));                 %定义符号表达式
y3=int(f3, x)                            %以 x 为积分变量积分
```

运行结果：

```
y3 =
2 * x^(1/2) - 6 * log(x^(1/6) + 1) - 3 * x^(1/3) + 6 * x^(1/6)
```

可得 $$\int \frac{1}{\sqrt{x}+\sqrt[3]{x}}\mathrm{d}x = 2\sqrt{x} - 6\ln(\sqrt[6]{x}+1) - 3\sqrt[3]{x} + 6\sqrt[6]{x} + C$$

绘制被积函数和积分函数的命令如下：

```
subplot(1, 2, 1), ezplot(f3), title('f3=1/(x^(1/2)+x^(1/3))');
subplot(1, 2, 2), ezplot(y3), title('y3 =2 * x^(1/2) - 6 * log(x^(1/6) + 1)-
    3 * x^(1/3) + 6 * x^(1/6)');
```

如图 3－3 所示为例 3.1 当中(3)的被积函数和积分函数图像。

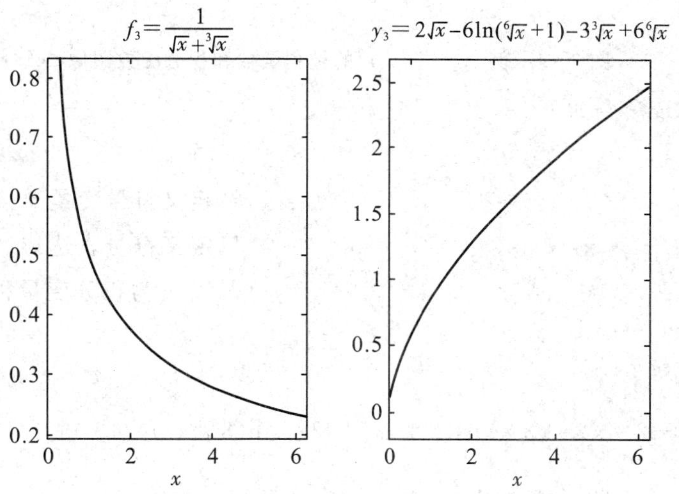

图 3－3　例 3.1 当中(3)的被积函数和积分函数图像

(4) MATLAB 命令如下：

```
clear all
syms x                                   %定义符号变量 x
f4=x^2 * exp(x);                         %定义符号表达式
y4=int(f4, x)                            %以 x 为积分变量积分
```

运行结果：

```
y4 =
exp(x) * (x^2 - 2 * x + 2)
```

可得 $$\int x^2 \mathrm{e}^x \mathrm{d}x = \mathrm{e}^x(x^2 - 2x + 2) + C$$

绘制被积函数和积分函数的命令如下：

```
subplot(1, 2, 1), ezplot(f4), title('f4= x^2 * exp(x)');
```

```
subplot(1, 2, 2), ezplot(y4), title('y4= exp(x) * (x^2 - 2 * x + 2)');
```

如图 3-4 所示为例 3.1 当中(4)的被积函数和积分函数图像。

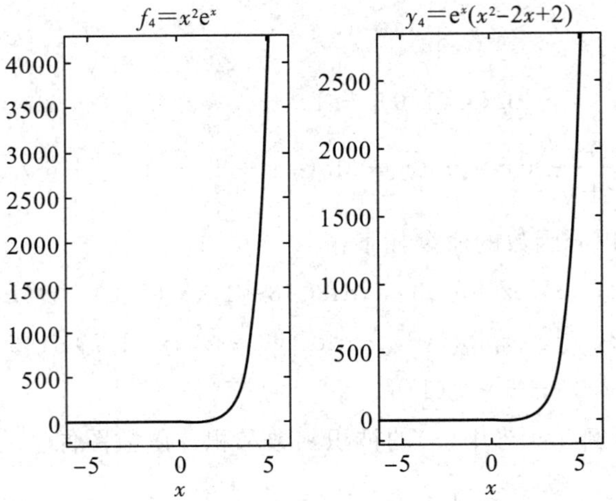

图 3-4　例 3.1 当中(4)的被积函数和积分函数图像

(5) MATLAB 命令如下：

```
clear all
syms x                                   %定义符号变量 x
f5=exp(-2 * x) * sin(3 * x);             %定义符号表达式
y5=int(f5, x)                            %以 x 为积分变量积分
```

运行结果：

```
y5 =
-(exp(-2 * x) * (3 * cos(3 * x) + 2 * sin(3 * x)))/13
```

可得

$$\int e^{-2x}\sin 3x dx = -\frac{1}{13}(e^{-2x}\cdot 3\cos 3x + 2\sin 3x)$$

绘制被积函数和积分函数的命令如下：

```
subplot(1, 2, 1), ezplot(f5), title('f5= x^2 * exp(x)');
subplot(1, 2, 2), ezplot(y5), title('y5= exp(x) * (x^2 - 2 * x + 2)');
```

如图 3-5 所示为例 3.1 当中(5)的被积函数和积分函数图像。

(6) MATLAB 命令如下：

```
clear all
syms x                     %定义符号变量 x
f6=sin(x)/x;               %定义符号表达式
y6=int(f6,x)%              %以 x 为积分变量积分
```

运行结果：

```
y6 =
sinint(x)
```

可得$\int \frac{\sin x}{x}dx$，它已不是初等函数。

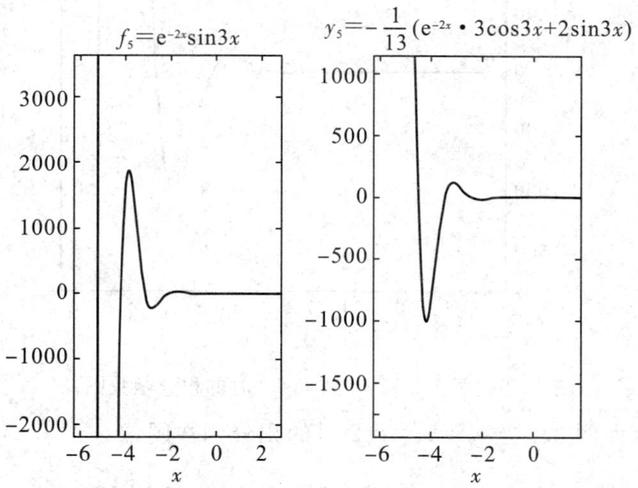

图 3-5　例 3.1 当中(5)的被积函数和积分函数图像

例 3.2　对参数 $a=2$，$b=3$ 及 $a=5$，$b=2$ 分别求不定积分$\int e^{ax}\sin bx\,dx$。

解　MATLAB 命令如下：

```
clear all
syms a b x                       %定义符号变量 a, b, x
f=exp(a*x)*sin(b*x);             %定义符号表达式
y=int(f);                        %以 x 为积分变量积分
M=simplify(y)                    %对积分表达式进行化简
M1=subs(M,a,2);
M2=subs(M1,b,3)                  %将 M 表达式中变量 a 替换为 2，b 替换为 3
figure(1), ezplot(M2)            %绘制 a=2，b=3 的积分表达式 M2
F1=subs(M,a,5);
F2=subs(F1,b,2)                  %将 M 表达式中变量 a 替换为 5，b 替换为 2
figure(2), ezplot(F2)            %绘制 a=5，b=2 的积分表达式 F2
```

运行结果：

```
M =
  -(exp(a*x)*(b*cos(b*x) - a*sin(b*x)))/(a^2 + b^2)
M2 =
  -(exp(2*x)*(3*cos(3*x) - 2*sin(3*x)))/13
F2 =
  -(exp(5*x)*(2*cos(2*x) - 5*sin(2*x)))/29
```

如图 3-6 所示为例 3.2 当 $a=2$，$b=3$ 时的积分函数图像。

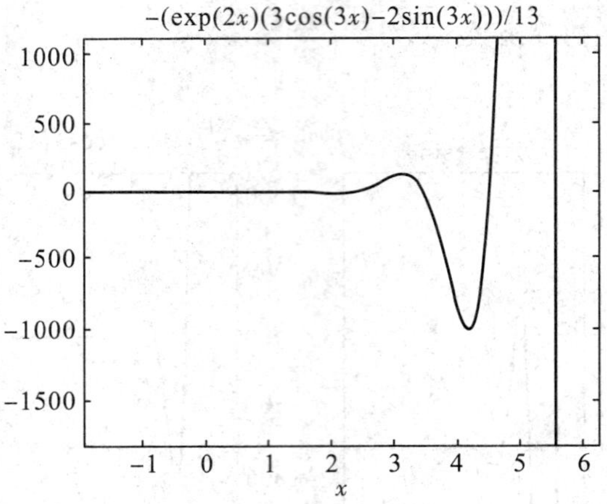

图 3-6 例 3.2 当 $a=2$，$b=3$ 时的积分函数图像

如图 3-7 所示为例 3.2 当 $a=5$，$b=2$ 时的积分函数图像。

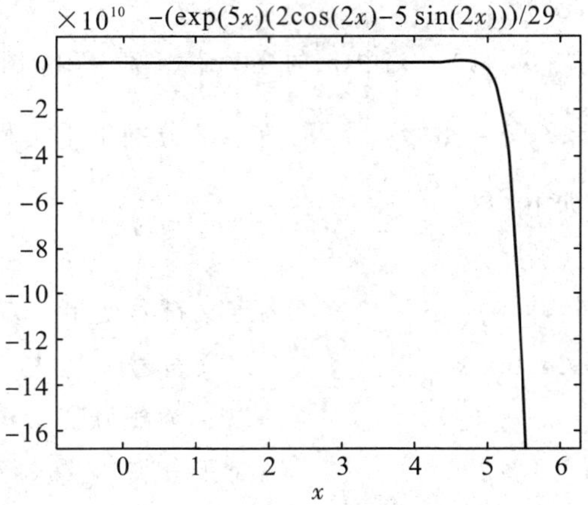

图 3-7 例 3.2 当 $a=5$，$b=2$ 时的积分函数图像

可得不定积分公式：

$$\int e^{ax}\sin bx\,dx=\frac{1}{a^2+b^2}(a\sin bx-b\cos bx)$$

当 $a=2$，$b=3$ 时积分公式为

$$\int e^{2x}\sin 3x\,dx=\frac{1}{13}(2\sin 3x-3\cos 3x)$$

当 $a=5$，$b=2$ 时积分公式为

$$\int e^{5x}\sin 2x\,dx=\frac{1}{29}(5\sin 2x-2\cos 2x)$$

例 3.3 石油的消耗量(不定积分的应用)。近年来，世界范围内每年的石油消耗率呈指数增长，增长指数大约为 0.07，消耗量大约为每年 161 亿桶。设 $R(t)$表示从 1970 年起第 t 年的石油消耗率，则 $R(t)=161e^{0.07t}$(亿桶)。试用此式估算从 1970 年到 1990 年间石油消耗的总量。

解 设 $T(t)$表示从 1970 年起($t=0$)直到第 t 年的石油消耗总量。

我们要求从 1970 年到 1990 年间石油消耗的总量，即求 $T(20)$。

由于 $T(t)$是石油消耗的总量，所以 $T'(t)$就是石油消耗率 $R(t)$，即 $T'(t)=R(t)$。那么 $T(t)$就是 $R(t)$的一个原函数。

$$T(t)=\int R(t)\mathrm{d}t=\int 161\mathrm{e}^{0.07t}\mathrm{d}t=\frac{161}{0.07}\mathrm{e}^{0.07t}+C=2300\mathrm{e}^{0.07t}+C$$

对于上式可通过 MATLAB 软件命令实现如下：

```
clear all
syms t                          %定义符号变量 t
R(t)=161 * exp(0. 07 * t);      %定义符号表达式 f
int(R(t),t)                     %求 f 关于 x 的不定积分
```

运行结果：

```
ans =
    2300 * exp((7 * t)/100)
```

因为 $T(0)=0$，所以 $C=-2300$，由此可得

$$T(t)=2300(\mathrm{e}^{0.07t}-1)$$

从 1970 年到 1990 年间石油的消耗总量为

$$T(20)=2300(\mathrm{e}^{0.07\times 20}-1)\approx 7027(亿桶)$$

例 3.4(定积分的应用)　求给定曲线 $y=2-x^2$ 和曲线 $y^3=x^2$ 所围平面图形的面积，试绘制平面区域的图形，并用定积分计算区域面积。

解　(1) 确定曲线交点坐标(－1，1)和(1，1)，然后在区间[－1，1]上取离散点，并计算相应函数值，形成多边形按顺时针方向排列的顶点，再存放。接着使用平面多边形填充命令 fill( )，格式为 fill(x，y，c)。

MATLAB 软件命令实现如下：

```
x1=-1: 0.1: 1;                  %创建第一条曲线横坐标
x2=1:-0.1:-1;                   %创建第二条曲线横坐标
y1=x1.^2.^(1/3);                %计算第一条曲线纵坐标
y2=2-x2.^2;                     %计算第二条曲线纵坐标
fill([x1, x2], [y1, y2], 'c')   %绘填充图
syms x
fun=2-x^2-x^(2/3);              %定义被积函数
s=2 * int(fun, 0, 1)            %符号积分运算
```

如图 3－8 所示为例 3.4(1)当中绘制平面区域的图形。

符号积分运算结果：

```
s =
32/15
```

由此可知，曲线所围成面积为 32/15。

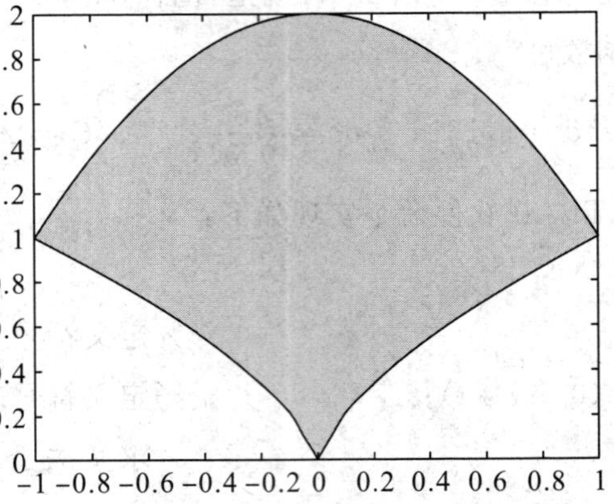

图 3-8 例 3.4(1)当中绘制平面区域的图形

(2) 求曲线 $g(x)=x\sin^2 x(0\leqslant x\leqslant\pi)$ 与 x 轴围成的图形分别绕 x 轴和 y 轴旋转所形成的旋转体体积。用 surf 命令作出这两个旋转体体积的图形。

解 在图形绕 x 轴旋转时，体积为

$$V=\int_0^{\pi}\pi g^2(x)\mathrm{d}x$$

在图形绕 y 轴旋转时，体积为

$$V=\int_0^{\pi}2\pi x g^2(x)\mathrm{d}x$$

输入：

```
ezplot('x * sin(x)^2', [0, pi])
```

执行后得到的图形如图 3-9 所示，为曲线图形。

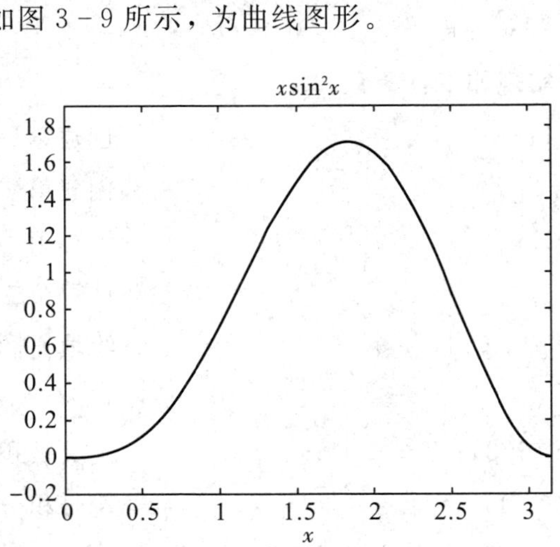

图 3-9 $g(x)=x\sin^2 x(0\leqslant x\leqslant\pi)$曲线图形

观察 $g(x)$ 的图形，再输入：

```
syms x
```

```
int('pi * (x * sin(x)^2)^2'x, 0, pi)
```

则得到

```
ans =
1/3 * pi^4-1/2 * pi^2
```

即 $\pi\left(-\frac{15\pi}{64}+\frac{\pi^3}{8}\right)$。

又输入：

```
syms x
int('2 * x^2 * pi * sin(x)^2', x, 0, pi);
```

则得到

```
ans =
1/3 * pi^4-1/2 * pi^2
```

即 $\frac{\pi^4}{3}-\frac{\pi^2}{2}$。

为了作出旋转体的图形，输入：

```
r=0: 0.1: pi; t=-pi: 0.1: pi;
[r, t]=meshgrid(r, t);
x=r;
z=r. * sin(t). * sin(r).^2;
y=r. * cos(t). * sin(r).^2;
surf(x, y, z);
title('绕 x 轴旋转');
xlabel('x 轴'); ylabel('y 轴'); zlabel('z 轴')
```

函数绕 x 轴旋转所得旋转体的图形见图 3-10。

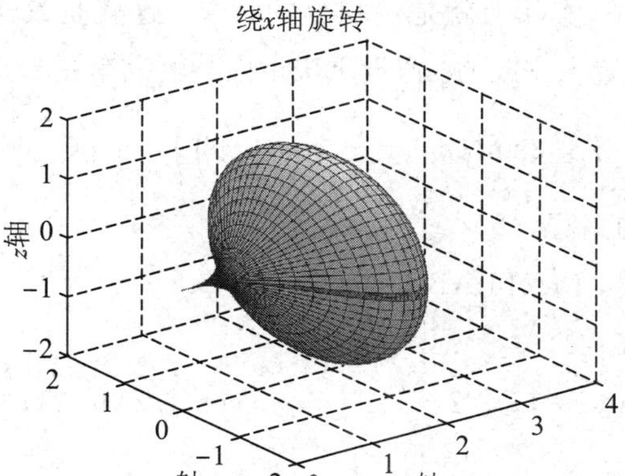

图 3-10　函数绕 x 轴旋转所得旋转体的图形

注：也可利用曲面参数方程作出曲面图形的命令，自己可以尝试。

又输入：

```
r=0：0.1：pi；t=-pi：0.1：pi；
[r，t]=meshgrid(r，t)；
x=r. * cos(t)；
z=r. * sin(t)；
y=r. * sin(r).^2；
surf(x，y，z)；
title('绕 y 轴旋转')；
xlabel('x 轴')；ylabel('y 轴')；zlabel('z 轴')
```

函数绕 y 轴旋转所得旋转体的图形见图 3-11。

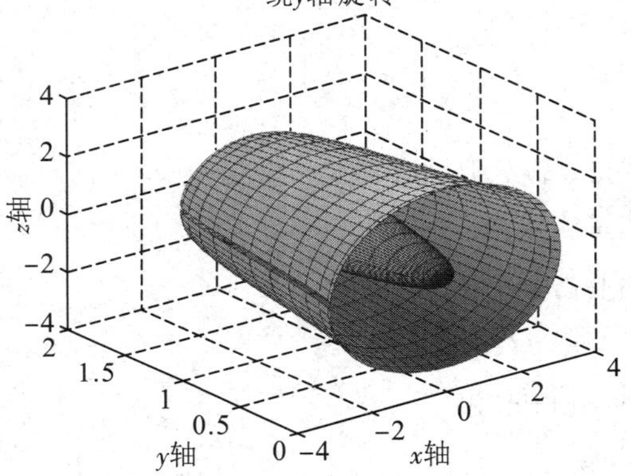

图 3-11 函数绕 y 轴旋转所得旋转体的图形

例 3.5(汽车里程表原理) 汽车的速度计用于度量汽车轮子转动有多快，并把它转化为汽车向前行走的速度(km/h)。那么度量汽车路程的里程表工作原理是什么呢？这里用到了定积分的实际意义，即通过求曲线从左端点(初始时刻)到当前时间之间曲边梯形面积而得到行驶的路程，面积计算实际上就是定积分的计算。这就是汽车里程表的工作原理，在汽车设计中是通过机械装置来完成的。假设重庆市内某辆汽车在 2.5 h 内行驶的速度函数为

$$v(x)=28\left(2\sin^2(2t)+\frac{5}{2}t\cos^2\left(\frac{t}{2}\right)\right),\quad x\in[0,\ 2.5]$$

求该时间段内汽车行驶的路程。

解 先画出速度曲线，MATLAB 命令如下：

```
t=0：0.01：2.5；
f=28 * (2 * (sin(2 * t)).^2+5/2 * t. * (cos(t/2)).^2)；
plot(t，f)
```

重庆市内某辆汽车在 2.5 h 内行驶速度函数，如图 3-12 所示。

用符号积分求汽车历程，MATLAB 命令如下：

```
clear all
```

```
syms t                                          %定义符号变量 x
f=28*(2*(sin(2*t))^2+5/2*t*(cos(t/2))^2); %定义符号表达式 f
int(f,t,0,2.5)                      %求 f 关于 t 从 0 到 2.5 上的定积分
```

运行结果：

```
ans =
35*cos(5/2) + (175*sin(5/2))/2 - 7*sin(10) + 1155/8
```

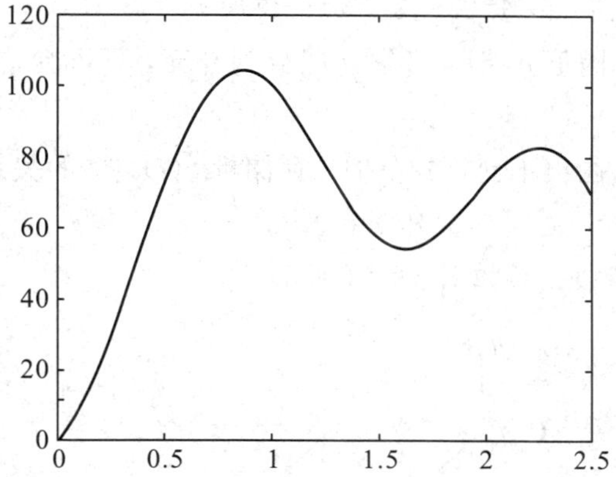

图 3-12　重庆市内某辆汽车在 2.5 h 内行驶速度函数

二、应用实例

例 3.6　存储问题(一元函数积分)。

【案例背景】

每个工厂或商店，都会遇到库存控制问题。工厂或商店为了正常生产或经营，必须存储一些原材料、配件或货物，否则生产或经营将无法连续进行。对于商店来说，库存过少，可能会造成缺货现象，失去销售机会，从而使利润减少；库存过多，又要多花存储费。对于工厂来说，缺货会造成停产，一般不允许缺货现象出现，这一类问题称为存储问题。存储问题的原型可以是真正的仓库存货、水库存水，也可以是计算机存储器的设计问题，甚至是大脑的存储问题。

【问题的提出】

衡量一个存储策略优劣的直接标准是，该策略所消耗的平均费用的多少，这个费用一般包括存储费、订货费(订购费和成本费)、缺货损失费和生产费等。由此可知，存储问题的一般模型为 Min[订货费(或生产费)+存储费+缺货损失费]。

【问题的求解】

这里先分析一个简单的库存问题：不允许缺货的存储模型。

以钢厂的供应站为例，它订购废钢作为钢厂的主要原料之一，炼钢对于废钢的要求是稳定的，且不允许缺货。所需费用除购买废钢的费用外，与订货及存储有关的费用是订货

费和存储费，其中订货费也称设置费，记为 C_s，它定义为每进一次货所需费用；存储费 C_h 定义为在单位时间内存储一件货品所需的费用。如果时间以天为单位，废钢以吨为单位，每隔 T 天进一次货，进货量为 Q 吨。

为使问题简化，作以下几点假设：

(1) 订货费 C_s 和每天每吨废钢的存储费 C_h 都是常数；

(2) 每天废钢的需求量为 R 吨；

(3) 订货工作周期地进行，货源充足，保证供应；

(4) 当库存量降到危险值 q_0 时，必须立即得到补充，即不允许缺货，且补充近似看成瞬间完成的。

根据以上假设，可以画出不允许缺货时，存储量 $q(t)$ 与 t 的关系为

$$q(t)=Q+q_0-rt$$

存储量 $q(t)$ 与 t 的函数关系如图 3-13 所示。

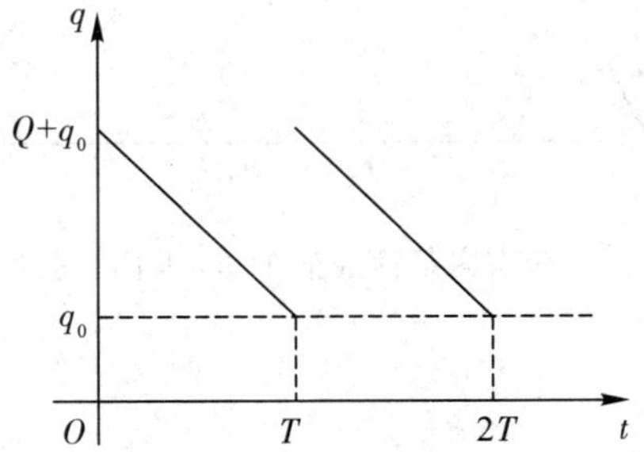

图 3-13 不允许缺货的存储模型

当 $t=0$ 时，$q(t)=Q+q_0$，表示一开始就进行了一次进货；当 $t=T$ 时，$q(t)=Q+q_0-RT$，这就是说，当到一个进货周期时，库存量达到危险点，必须立即进货，因此 $Q=RT$。

一个订货周期(T)天内的存储费为

$$\int_0^T C_h q(t)\,\mathrm{d}t=\int_0^T C_h(Q+q_0-Rt)\,\mathrm{d}t=C_h[(Q+q_0)T-\frac{1}{2}RT^2=C_h q_0 T+\frac{1}{2}C_h RT^2$$

再加上订货费 C_s，便可得到一个订货周期内的总费用。总费用除以周期 T 后即得到平均每天的费用：

$$C(T)=\frac{C_s}{T}+C_h q_0+\frac{1}{2}C_h RT$$

利用一元函数求极值的方法，求 $C'(T)$，并令之为零，得

$$C'(T)=-\frac{C_s}{T^2}+\frac{1}{2}C_h R\equiv 0$$

解得：$T=\sqrt{\dfrac{2C_s}{RC_h}}$，因为 $C''(T)=\dfrac{2C_s}{T^3}>0$，所以在对应的极值点，$C(T)$取得最小值，由此可得最佳订货量为

$$Q=\sqrt{\frac{2RC_s}{C_h}}$$

这便是经济订购批量(Economic Order Quantity)公式，简称 EOQ 公式。

结论表明，若订货费越高，需求量越大，则每次订货量越大；若存储费越高，则每次订货量应越小，这些当然符合常识，但无法得到它们的数量关系。

下面再分析一个允许缺货的存储模型。

在商店存储货物的问题中，由于缺货造成的损失是有限的，因此缺货情况是可以允许的。这个问题与上述不允许缺货的模型相比只需要取消上一段不允许缺货这一限制，再考虑缺货所造成的损失即可。因此，需补充假设：每天每吨缺货损失费为 C_1，每次所定货物 Q 吨在 $t=T_1$ 时售完，在 $t=T$ 时得到补充。存储量 $q(t)$ 与时间 t 的变化关系如图 3-14 所示。

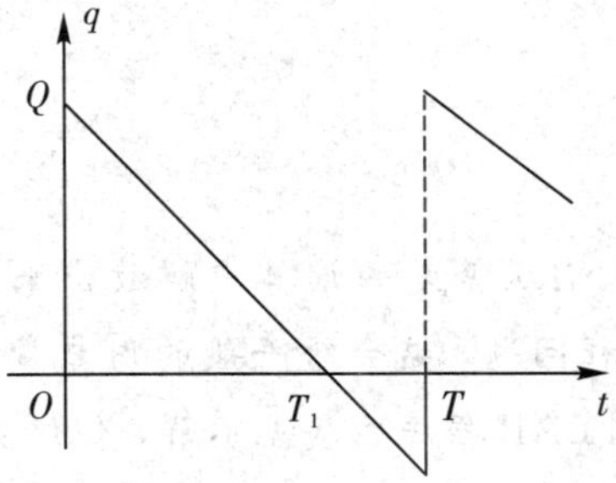

图 3-14 允许缺货的存储模型

类似于本案列前面的推导过程，有

$$Q=RT_1$$

在 $T_1 \sim T$ 这段时间内，因缺货造成的损失费为

$$\int_0^{T-T_1} C_c Rt\,dt = \frac{1}{2}C_1 R\,(T-T_1)^2$$

因此在一个订货周期内总费用为

$$C_s+\frac{1}{2}C_h RT_1^2+\frac{1}{2}C_1 R\,(T-T_1)^2$$

消去 T_1，可得每天的费用：

$$C(T,Q)=\frac{1}{T}\left(C_s+\frac{C_h}{2R}Q^2+\frac{C_1}{2R}(RT-Q)^2\right)$$

最优策略是寻找使 $C(T,Q)$ 最小的 T 和 Q，它们可由 $\frac{\partial C}{\partial T}=0$ 和 $\frac{\partial C}{\partial Q}=0$ 解出：

$$T=\sqrt{\frac{2C_s}{RC_h} * \frac{C_1}{C_h+C_1}}$$

$$Q=\sqrt{\frac{2RC_c}{C_h} * \frac{C_1}{C_h+C_1}}$$

由于只有一个驻点，且最小费用是存在的，故上式 T 和 Q 就是不允许缺货情况下最优进货周期和进货量。

【案例评价】

本例是一种理想情况下的存储模型，在建立数学模型的过程中作了若干简化，这些简化对模型是必要的，但实际的市场销售情况是复杂的，因此，所得到的模型只是一种近似情况，还需经过实践的检验。

事实上，这两种情况也可以合并为一种情形，只要在第二种情形下，规定缺货所造成的损失为无穷大，即 $C_1 \gg C_h$，此时$\frac{C_1}{C_h+C_1}\approx 1$，第二种情形就化为第一种情形了。

任务二　数值计算常用的 MATLAB 实现

任务目标

MATLAB 的出现虽然将人们从繁复的计算中解放出来，但若要利用 MATLAB 来解决问题就会涉及 MATLAB 编程问题，这会给一般的用户带来很大困难。虽然在各个文献中数值积分的各个公式的 MATLAB 程序已屡见不鲜，但终究都是零散单一的对单个公式的编程，没有统一的通用数值积分程序。本节通过对数值积分的各种算法，如：矩形公式、梯形公式、牛顿-柯茨公式等以及这些公式在 MATLAB 中的算法实现的比较，将尝试编写出统一的调用程序。本任务学习在计算机上常用的数值方法计算定积分$\int_a^b f(x)\mathrm{d}x$ 的近似值。

知识链接

MATLAB 是当今最优秀的科技应用软件之一。它将数值计算、矩阵运算、图形图像处理、信号处理和仿真等诸多强大的功能集成在较易使用的交互计算机环境中，为科学研究、工程应用提供了一种功能强、效率高的编程工具。单一的积分公式，如果将这些公式复化(以矩形公式为例，当我们将一段曲线所围成的面积近似看成一个矩形的时候就是单一的矩形公式，而当我们将这段曲线所围成的面积划分成若干个等步长的小矩形的面积的和的时候就是矩形公式的复化)，这样计算出来的结果的误差也会随复化程度的增加而减小。但是计算量也会随着等分区间的增多而变大，人工计算花费的时间会比较多，这时我们就可以使用 MATLAB 编写程序来代替人工计算。

一、数值积分方法的原理

对于函数 $I=\int_a^b f(x)\mathrm{d}x$，只要找到被积分函数 $f(x)$ 的原函数 $F(x)$，通过牛顿-莱布尼茨(Newton - Leibniz) 公式 $I=\int_a^b f(x)\mathrm{d}x = F(a)-F(b)$ 来实现，但是实际使用这种求积方法往往很困难，大量的被积函数，如$\frac{\sin x}{x}(x\neq 0)$、$\mathrm{e}^{-x^2}$ 等，原函数是不能使用初等函数

来表达的，所以不能使用上述公式。有时候即使求得被积函数的原函数，其公式非常复杂，导致积分的计算也很困难。如被积函数 $f(x)=\dfrac{1}{1+x^6}$，其原函数为

$$F(x)=\frac{1}{3}\arctan x+\frac{1}{6}\arctan\left(x-\frac{1}{x}\right)+\frac{1}{4\sqrt{3}}\ln\frac{x^2+x\sqrt{3}+1}{x^2-x\sqrt{3}+1}+C$$

利用积分中值定理得到公式 $\int_a^b f(x)\mathrm{d}x\approx f(\xi)(b-a)$，我们所见到的一般的数值积分公式也是由该公式演变而来的。当 $f(\xi)$ 不能求出精确解的时候，我们就只能通过提供不同的近似方法来对 $f(\xi)$ 求近似解，这样就能求出该函数积分的近似解。当然，根据不同的近似方法所求出的 $f(\xi)$ 的近似值与精确值之间的误差也会有所不同，因此我们要根据误差要求选择不同的近似方法。

二、数值积分几种公式

（一）矩形公式

数值积分的第一种公式为矩形公式，如图 3-15 所示。

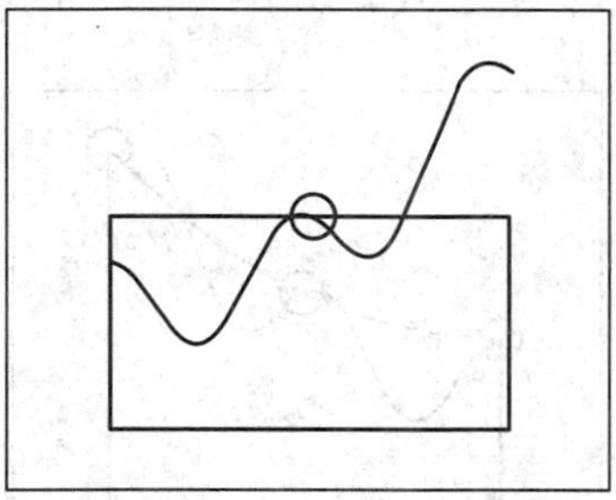

图 3-15 矩形公式示意图

当取一个点来近似代替 $f(\xi)$ 的值的时候，就会演变出我们平时常见的矩形公式。

当用 $f(a)$ 来近似代替 $f(\xi)$ 的值的时候，就演变成我们平时见到的左矩形公式：

$$\int_a^b f(x)\mathrm{d}x\approx f(a)(b-a)$$

当用 $f(b)$ 来近似代替 $f(\xi)$ 的值的时候，就演变成我们平时见到的右矩形公式：

$$\int_a^b f(x)\mathrm{d}x\approx f(b)(b-a)$$

当用 $f\left(\frac{1}{2}(a+b)\right)$ 来近似代替 $f(\xi)$ 的值的时候，就演变成我们平时所见的中矩形公式：

$$\int_a^b f(x)\mathrm{d}x\approx f\left(\frac{1}{2}(a+b)\right)(b-a)$$

根据曲线的走势不同，选择左矩形和右矩形近似求解的时候会呈现偏大或偏小的情况，用中矩形方法来求解相对来说误差会小一点。

（二）梯形公式

如图 3－16 所示，当用两个点 $f(a)$ 和 $f(b)$ 的平均值来近似代替 $f(\xi)$ 的值的时候，就演变成我们平时所见到的梯形公式：

$$\int_a^b f(x)\mathrm{d}x \approx \frac{1}{2}(f(a)+(b))(b-a)$$

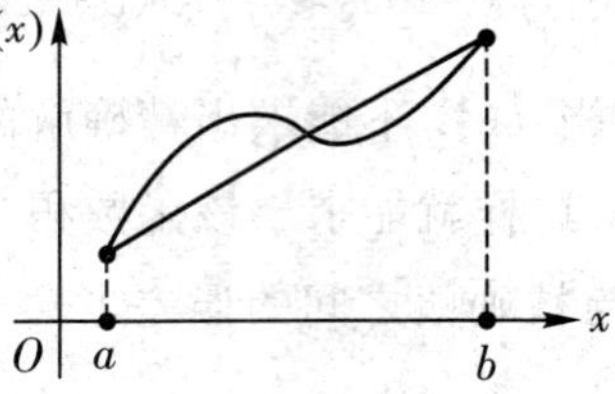

图 3－16 梯形公式示意图

相对于矩形公式用一个点来近似代替 $f(\xi)$ 的值来说，梯形公式用两个点的平均值来代替 $f(\xi)$ 的值，其相对误差要小一点，精确度高一点。

（三）辛普森公式

数值积分的第三种公式为辛普森公式，如图 3－17 所示。

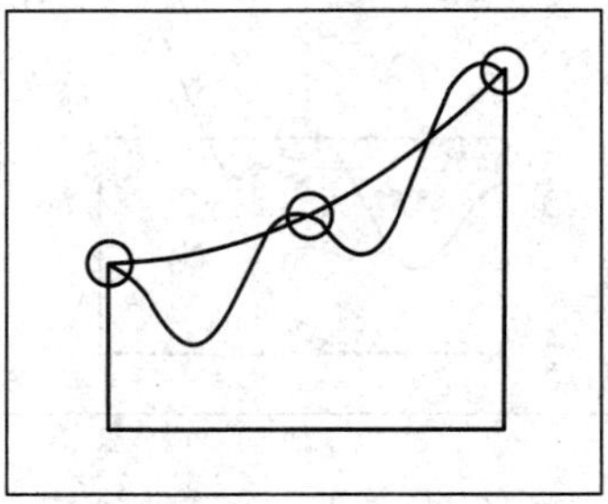

图 3－17 辛普森公式示意图

当选取三个点 $f(a)$、$f(b)$ 和 $f(c)=f\left(\frac{1}{2}(a+b)\right)$ 的值来计算 $f(\xi)$ 的近似值时，我们可以得出辛普森公式：

$$\int_a^b f(x)\mathrm{d}x \approx \frac{(b-a)}{6}[f(a)+f(b)+4f(c)]$$

运用辛普森公式近似求出的积分结果相对于矩形公式和梯形公式来说精确度更高一些，但计算方法相对来说也复杂一点。

（四）牛顿-柯茨公式

当我们选取 5 个点 x_0、x_1、x_2、x_3、x_4 来计算 $f(\xi)$ 的近似值时，就能得到平时所见到的牛顿-柯茨公式：

$$\int_a^b f(x)\mathrm{d}x \approx \frac{(b-a)}{90}[7f(x_0)+32f(x_1)+12f(x_2)+32f(x_3)+7f(x_4)]$$

牛顿-柯茨公式相对于前面的几个公式来说，计算误差更小，精度更高，但是计算的复杂程度也更高。

（五）自适应数值积分

用自适应积分法解决问题的时候，我们往往取非等间距的节点，可以在函数值变化较大的区间采用较小的步长进行计算，其基础是辛普森公式（当然我们也可以采用其他公式来自适应）。计算关键是结果能否通过精度测试。对于自适应积分法来说我们给出不同的精度，在进行区间划分的时候所划分的区间分数也会有相应的要求，一般来说划分的区间越小，精度越大（详情见程序调试实例）。

三、数值积分主程序

（一）主程序

```
%——————————————————————————————————
%     本程序是将数值积分的常用算法集成在一起，命名为 tyszjf.m，以供调用
%     这些常用算法包括左矩形、右矩形、中矩形、梯形、辛普森、
%     牛顿-柯茨，采用自适应变步长的辛普森算法达到指定误差。
%     其中输入与输出接口中参数是可变化的，这主要依赖系统提供的
%     两个永久变量 nargin 和 nargout。
%     虚参 f 由实参传递过来，可采用内联函数的方式，如：
%     tyszjf(inline('1/(1+x*x)'), 0, 1, 100, 'sps')
%     [val, n]=tyszjf(inline('1/(1+x*x)'), 0, 1, 100, 'sps')
%     [val]=tyszjf(inline('1/(1+x*x)'), 0, 1, 100, 'sps'
%——————————————————————————————————
function [out1, out2]=tyszjf(f, a, b, n, sf, wc)
if nargin==3
    n=100;
    sf='sps';
    wc=0.5*10^(-6);
end
if nargin==4
   sf='sps';
   wc=0.5*10^(-6);
end
if nargin==5
   wc=0.5*10^(-6);
end
switch sf
```

```
case 'zjx'
    x=linspace(a, b, n+1)'; % n 等分点记入数组中
    h=(b-a)/n;
    djf=0;                  %累加器清零
    for i=1: 1: n
     djf=djf+h * f(x(i));
    end
    if nargout==0
        out1=djf;
    end
    if nargout==1
        out1=djf;
    end
    if nargout==2
        out1=djf;
        out2=n;
    end
case 'yjx'
    x=linspace(a, b, n+1)'; % n 等分点记入数组中
    h=(b-a)/n;
    djf=0;                  %累加器清零
    for i=2: 1: n+1
     djf=djf+h * f(x(i));
    end
    if nargout==0
        out1=djf;
    end
    if nargout==1
        out1=djf;
    end
    if nargout==2
        out1=djf;
        out2=n;
    end
case 'mjx'
    x=linspace(a, b, n+1)'; % n 等分点记入数组中
```

```
        h=(b-a)/n;
        djf=0;                    %累加器清零
        for i=1:1:n
         djf=djf+h*f((x(i)+x(i+1))/2);
        end
        if nargout==0
            out1=djf;
        end
        if nargout==1
            out1=djf;
        end
        if nargout==2
            out1=djf;
            out2=n;
        end
    case 'tx'
        x=linspace(a, b, n+1)'; % n 等分点记入数组中
        h=(b-a)/n;
        djf=0;                    %累加器清零
        for i=1:1:n
         djf=djf+(f(x(i))+f(x(i+1)))*h/2;
        end
        if nargout==0
            out1=djf;
        end
        if nargout==1
            out1=djf;
        end
        if nargout==2
            out1=djf;
            out2=n;
        end
    case 'sps'
        x=linspace(a, b, n+1)'; % n 等分点记入数组中
        h=(b-a)/n;
        djf=0;                    %累加器清零
```

```
    for i=1:1:n
     djf=djf+(h/6)*(f(x(i))+4*f((x(i)+x(i+1))/2)+f(x(i+1)));
    end
    if nargout==0
        out1=djf;
    end
    if nargout==1
        out1=djf;
    end
    if nargout==2
        out1=djf;
        out2=n;
    end
case 'nc'
    x=linspace(a,b,n+1)'; % n等分点记入数组中
    h=(b-a)/n;
    djf=0;                        %累加器清零
    for i=1:1:n
    djf=djf+(h/90)*(7*f(x(i))+32*f(x(i)+h/4)+12*f(x(i)+2*
        h/4)+32*f(x(i)+3*h/4)+7*f(x(i)+h));
    end
    if nargout==0
        out1=djf;
    end
    if nargout==1
        out1=djf;
    end
    if nargout==2
        out1=djf;
        out2=n;
    end
case 'zsy'
    n=1; s1=(f(a)+4*f((a+b)/2)+f(b))*(b-a)/n/6;
    n=2;
    s2=s1+1;
    while abs(s2-s1)>wc
```

```
            s1=s2;
            n=n*2;
            s=0;
            h=(b-a)/n;
            for i=1:n
              s=s+4*f(a+(i-1/2)*(h));
            end;
            for i=1:n-1
              s=s+2*f(a+i*h);
            end;
            s=(f(a)+f(b)+s)*h/6;
            s2=s;
          end;
      if nargout==0
              out1=s2;
          end
          if nargout==1
              out1=s2;
          end
          if nargout==2
              out1=s2;
              out2=n;
          end
  end
```

（二）调用实例

以下调用实例均用以求$\int_0^1 \frac{1}{1+x^2}\mathrm{d}x$的值。

1. 矩形公式调用实例

(1) 左矩形。

输入函数变量：

```
>>f=inline('1/(1+x*x)');
>>[f, n]=tyszjf(f, 0, 1, 100, 'zjx')
```

按回车键显示结果如下：

```
f =0.7879
n=100
```

(2) 右矩形。

输入函数变量：

```
>>f=inline('1/(1+x*x)');
>>[f, n]=tyszjf(f, 0, 1, 100, 'yjx')
```

按回车键显示结果如下：

```
f =0.7829
n =100
```

(3) 中矩形。

输入函数变量：

```
>>f=inline('1/(1+x*x)');
>>[f, n]=tyszjf(f, 0, 1, 100, 'mjx')
```

按回车键显示结果如下：

```
f =0.7854
n =100
```

(4) 以中矩形为例计算不同等分份数的积分值。

① 10 等分($n=10$)。

输入函数变量：

```
>>f=inline('1/(1+x*x)');
>>[f, n]=tyszjf(f, 0, 1, 10, 'mjx')
```

按回车键显示结果如下：

```
f=0.7856
n =10
```

② 100 等分($n=100$)。

输入函数变量：

```
>>f=inline('1/(1+x*x)');
>>[f, n]=tyszjf(f, 0, 1, 100, 'mjx')
```

按回车键显示结果如下：

```
f =0.7854
n =100
```

③ 1000 等分($n=1000$)。

输入函数变量：

```
>>f=inline('1/(1+x*x)');
>>[f, n]=tyszjf(f, 0, 1, 1000, 'mjx')
```

按回车键显示结果如下：

```
f =0.7854
n =1000
```

2. 梯形公式调用实例

(1) 10 等分。

输入函数变量：

```
>>f=inline('1/(1+x*x)');
>>[f, n]=tyszjf(f, 0, 1, 10, 'tx')
```

按回车键显示结果如下：

```
f =0.7850
n =10
```

(2) 100 等分。

输入函数变量：

```
>>f=inline('1/(1+x*x)');
>>[f, n]=tyszjf(f, 0, 1, 100, 'tx')
```

按回车键显示结果如下：

```
f =0.7854
n =100
```

(3) 1000 等分。

输入函数变量：

```
>>f=inline('1/(1+x*x)');
>>[f, n]=tyszjf(f, 0, 1, 1000, 'tx')
```

按回车键显示结果如下：

```
f =0.7854
n=1000
```

3. 辛普森公式调用实例

(1) 10 等分。

输入函数变量：

```
>>f=inline('1/(1+x*x)');
>>[f, n]=tyszjf(f, 0, 1, 10, 'sps')
```

按回车键显示结果如下：

```
f =0.7854
n =10
```

(2) 100 等分。

输入函数变量：

```
>>f=inline('1/(1+x*x)');
>>[f, n]=tyszjf(f, 0, 1, 100, 'sps')
```

按回车键显示结果如下：

```
f =0.7854
```

n =100

(3) 1000 等分。

输入函数变量：

```
>>f=inline('1/(1+x*x)');
>>[f, n]=tyszjf(f, 0, 1, 1000, 'sps')
```

按回车键显示结果如下：

```
f =0.7854
n =1000
```

(4) 精度要求不同时的调用。

① wc=0.5*10^(-7)。

输入函数变量：

```
>>f=inline('1/(1+x*x)');
>>[f, n]=tyszjf(f, 0, 1, n, 'sps', 0.5*10^(-7))
```

按回车键显示结果如下：

```
f =0.7854
n =1000
```

② wc=0.5*10^(-8)。

输入函数变量：

```
>>f=inline('1/(1+x*x)');
>>[f, n]=tyszjf(f, 0, 1, n, 'sps', 0.5*10^(-8))
```

按回车键显示结果如下：

```
f =0.7854
n =1000
```

4. 牛顿-柯茨公式调用实例

(1) 10 等分。

输入函数变量：

```
>>f=inline('1/(1+x*x)');
>>[f, n]=tyszjf(f, 0, 1, 10, 'nc')
```

按回车键显示结果如下：

```
f =0.7854
n =10
```

(2) 100 等分。

输入函数变量：

```
>>f=inline('1/(1+x*x)');
>>[f, n]=tyszjf(f, 0, 1, 100, 'nc')
```

按回车键显示结果如下：

f =0.7854

n =100

(3) 1000 等分。

输入函数变量：

```
>>f=inline('1/(1+x*x)');
>>[f, n]=tyszjf(f, 0, 1, 1000, 'nc')
```

按回车键显示结果如下：

f =0.7854

n =1000

5. 自适应积分调用实例

(1) wc=0.5*10^(-6)。

输入函数变量：

```
>>f=inline('1/(1+x*x)');
>>[f, n]=tyszjf(f, 0, 1, n, 'zsy', 0.5*10^(-6))
```

按回车键显示结果如下：

f=0.7854

n=8

(2) wc=0.5*10^(-7)。

输入函数变量：

```
>>f=inline('1/(1+x*x)');
>>[f, n]=tyszjf(f, 0, 1, n, 'zsy', 0.5*10^(-7))
```

按回车键显示结果如下：

f =0.7854

n =8

(3) wc=0.5*10^(-5)。

输入函数变量：

```
>>f=inline('1/(1+x*x)');
>>[f, n]=tyszjf(f, 0, 1, n, 'zsy', 0.5*10^(-5))
```

按回车键显示结果如下：

f =0.7854

n =8

通过调用实例可以看出，本文所编写的通用数值积分程序具有处理矩形积分、梯形积分、辛普森积分、牛顿-柯茨积分及自适应积分的能力，依赖系统提供的两个永久变量 nargin 和 nargout 达到输入与输出接口的可变性，从而实现可输入多个变量和输出多个变量的功能。当然，如果通过在该程序中添加更多的接口载入更多的程序模型，这个程序的功能将会更加强大。

项 目 小 结

1. 本项目主要介绍了 MATLAB 软件符号积分的基本命令，同学们应熟练掌握它们具体的调用格式。

2. 能应用本节所学命令解决一些生活、工程技术中的实际问题。

3. 掌握数值积分用计算机来实现求解。

4. 掌握矩形公式、梯形积分、牛顿-柯茨积分的 MATLAB 实现。

思考与练习

1. 求下列不定积分。

(1) $\int \frac{(1-x)^2}{\sqrt{x}}dx$　　(2) $\int (\sqrt{u}+1)(u-1)du$

(3) $\int \sin 5x\cos 3x dx$　　(4) $\int (\sqrt{u}+1)(u+1)du$

(5) $\int \frac{1}{x(1+2\ln x)}dx$　　(6) $\int \frac{\arcsin x}{\sqrt{1-x^2}}dx$

2. 求下列定积分。

(1) $\int_0^1 t^2(2-3t^2)dt$　　(2) $\int_0^{\frac{\pi}{4}} \sin^2 x\cos x dx$

(3) $\int_0^4 \frac{1}{1+\sqrt{x}}dx$　　(4) $\int_0^{\frac{\pi}{2}} \sin 5x\cos 4x dx$

3. 求下面给定曲线所围成图形的面积。

(1) 抛物线 $y=x^2$ 与直线 $2y=3-x$ 所围成图形的面积；

(2) 参数 $a=4$，$b=3$ 时椭圆$\frac{x^2}{a^2}+\frac{y^2}{b^2}=1$ 的面积；

(3) 参数 $a=5$ 时曲线 $r^2=a^2\cos 2\theta$ 所围成图形的面积。

4. 求由 $x^2+(y-5)^2=16$ 所围成的图形绕 x 轴旋转一周得到的旋转体的体积。

5. 求曲线

$$\begin{cases} x=\arctan t \\ y=\frac{1}{2}\ln(1+t^2) \end{cases}$$

自 $t=0$ 到 $t=1$ 的一段弧长。

6. 一铅直墙壁形为半径 R 的半圆，其直径恰好位于液体的液面，液体的比重为 r，求此半圆形墙壁所受液体的压力。

7. 设有一均匀细棒，其长度为 l，质量为 M，另有一质量为 m 的质点和棒在一条直线上，质点到细棒的近端距离为 a，计算棒对质点的引力。

8. 用梯形公式方法计算积分 $I=\int_0^1 \frac{4}{1+x^2}\mathrm{d}x$ 的值。

9. 用 4 种不同数值方法计算积分$\int_0^1 \sqrt{x}\ln x\mathrm{d}x=-\frac{4}{9}$ 的值。

项目四 常微分方程实验

项目分析

微分方程是描述客观事物数量关系的一种重要数学模型。本项目重点研究利用 MATLAB 高级命令对常见的微分方程求解，并结合实际问题探讨微分方程建立数学模型的一般思想方法。

知识目标

1. 掌握求解常微分方程的相关命令函数。
2. 掌握 dsolve 函数求解微分方程的方法。
3. 通过案例学习建立微分方程的数学模型以及求解全过程。

任务一 相关函数(命令)及简介

任务目标

1. 掌握 MATLAB 软件求解微分方程的基本命令。
2. 了解 MATLAB 软件求解常微分方程的数值方法。

知识链接

常微分方程求解是本节的重点内容。在 MATLAB 软件中，dsolve 函数用来求解微分方程，应用此函数可以求得常微分方程的通解，以及给定初始条件的特解。

一、dsolve 函数的格式

在 MATLAB 中，由函数 dsolve()解决常微分方程(组)的求解问题，其具体格式如下：

R=dsolve('eq1, eq2, …', 'cond1, cond2, …', 'v'),

其中，′eq1，eq2，…′为微分方程或微分方程组；′cond1，cond2，…′是给定的常微分方程初始条件；′v′是独立变量，默认的独立变量是′t′。

用函数 dsolve 求解常微分方程、方程组，如果没有初始条件，则求出通解；如果有初始条件，则求出特解。

二、MATLAB 求解常微分方程的数值方法

在人口研究理论中，马尔萨斯模型和逻辑斯模型是两个经典模型。它们都以一阶常微分方程的形式出现，两个模型的数值解是根据具体微分方程直接解算出的数值数据(可绘制成曲线)。这些数据(或曲线)将反映微分方程解函数的变化规律。

MATLAB 求解常微分方程的数值方法是根据函数创建函数文件，然后调用该函数求出数值解。

命令使用格式如下：

```
[T, Y]=ode23(fun, [t0, tN], Y0)
```

这里，输出参数 T 是自变量离散数据，Y 是对应于 T 的函数值。T 和 Y 构成常微分方程解函数的函数表。fun 是根据方程右端函数创建的函数文件名，[t0，tN]是求解区域，Y0 是未知函数在初始时刻的函数值。

在使用命令 ode23()之前，一定要创建函数文件，在调用时将函数文件名置于单引号内。如果省略输出参数，直接用格式

```
ode23(fun, [t0, tN], Y0)
```

可输出数值解的函数图形。

任务二 MATLAB 求解常微分方程及应用

任务目标

常微分方程求解的理论计算方法只能得到方程的特解或通解的形式，通过 MATLAB 的使用，可以得到数值解的图形，直观去观察解的特性，结合案例建立微分方程方面的数学模型以及求解全过程。

知识链接

常微分方程的求解当中，主要掌握的是一阶线性微分方程，可降阶二阶微分方程以及二阶常系数微分方程的求解，这些方程的通解或者特解都可以通过 MATLAB 来实现。

一、常微分方程的通解公式

一阶线性微分方程的标准形式如下：

$$\frac{dy}{dx}+p(x)y=q(x)$$

通解公式如下：

$$y=e^{-\int p(x)dx}\left(\int q(x)e^{\int p(x)dx}dx+c\right)$$

可降阶二阶微分方程：

$$y''=f(x, y')$$

微分方程 $y''=f(x, y')$ 的右端不显含未知函数 y，此时可令 $y'=p$，则 $y''=\frac{dp}{dx}$ 代入方程得

$$\frac{dp}{dx}=f(x, p)$$

根据一阶线性微分方程通解公式可解。

二阶常系数微分方程：

$$y''+py'+qy=0$$

其中，p，q 为常数，采取的是特征方程法求通解，具体形式略。

二、MATLAB 求解常微分方程

例 4.1 求微分方程 $y'-2xy=x$ 的通解。

解 在提示符(>>)后输入：

```
y=dsolve('Dy-2*x*y=x', 'x')
```

返回结果：

```
y =-1/2+exp(x^2)*C
```

即

$$y=-\frac{1}{2}+Ce^{x^2}$$

例 4.2 求微分方程的解析解，并画出它们的图形。

$$y'=y+2x,\quad y'=y(0)=1,\ 0<x<1$$

解 在提示符(>>)后输入：

```
y=dsolve('Dy=y+2*x', 'y(0)=1', 'x')
ezplot(y, [0 1])
```

返回结果：

```
y =-2*x-2+3*exp(x)
```

图 4-1 为方程 $y'=y+2x$ 的函数图像。

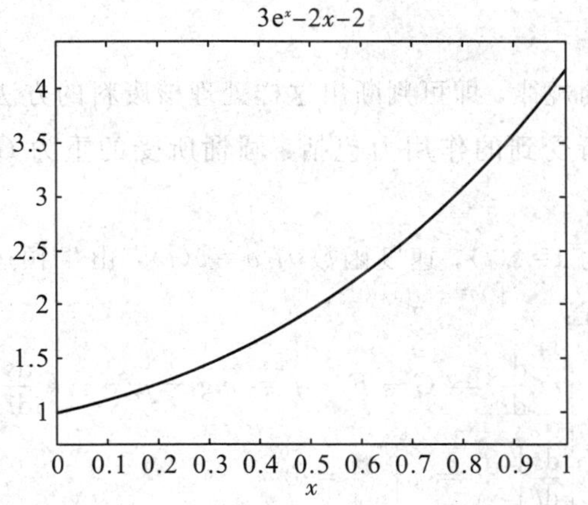

图 4-1　方程 $y'=y+2x$ 的函数图像

例 4.3　求微分方程 $xy''=y'$ 满足初始条件 $y'|_{x=1}=2$，$y|_{x=0}=1$ 的特解。

解　在提示符(>>)后输入：

```
y=dsolve('x*D2y=Dy','Dy(1)=2','y(0)=1','x')
```

返回结果：

```
y=1+x^2
```

即 $y=1+x^2$。

三、应用实例

例 4.4　核废料处理问题(常微分方程)。

【案例背景】

随着核能开发的不断进步，人们对核原料的利用也越来越广泛，除了军事上的应用外，更多的是用在民用开发上。但核能在给人们带来生活质量提高的同时，也带来一些严重的生态问题，例如放射性核废料的处理问题，这是一个全球性的难题，也是当前迫切需要解决的问题之一。

问题提出以前，美国原子能委员会将放射性核废料装在密封的圆桶里扔到水深约 90 m 的深海里。生态学家和科学家担心这种做法不安全而提出疑问。原子能委员会向他们保证：圆桶决不会破漏。经过周密的试验，证明圆桶的密封性是很好的。但工程师们又问：圆桶是否会因与海底碰撞而发生破裂？原子能委员会说：决不会。但工程师们不放心，他们进行了大量的试验后发现：当圆桶的速度超过 12.2 m/s 时，圆桶会因碰撞而破裂。那么圆桶到达海底时的速度到底是多少呢？它会因碰撞而破裂吗？下面是一些真实而具体的数据，请你根据这些具体数据解决这个问题。

已知圆桶的质量 $m=239.46$ kg，海水密度 $\rho=1035.71$ kg/m^3，海水深度为 90 m，圆桶的体积 $V=0.2058$ m^3。另外，工程师们做了大量牵引试验后得出结论：圆桶下沉时的阻力与圆桶的方位大致无关，而与下沉的速度成正比，比例系数 $k=0.6$。

【模型建立】

只要找出圆桶的运动规律，即可判断出这样处理核废料的方法是否安全。

圆桶在运动过程中所受到的作用力包括：圆桶所受的重力 G、水的浮力 F 和水的阻力 f。

设圆桶的位移函数为 $s=s(t)$，速度函数为 $v=v(t)$，由牛顿运动定律得圆桶的位移和速度满足如下的微分方程：

$$\begin{cases} m\dfrac{\mathrm{d}^2 s}{\mathrm{d}t^2} = G-F-f = mg-\rho g v - k\dfrac{\mathrm{d}s}{\mathrm{d}t} \\ \left.\dfrac{\mathrm{d}s}{\mathrm{d}t}\right|_{t=0} = \left.v\right|_{t=0} = 0 \\ s\,|_{t=0} = 0 \end{cases} \tag{a}$$

$$\begin{cases} m\dfrac{\mathrm{d}v}{\mathrm{d}t} = G-F-f = mg-\rho g v - kv \\ v\,|_{t=0} = 0 \end{cases} \tag{b}$$

根据方程(a)、(b)解出圆桶的位移函数 $s=s(t)$和速度函数 $v=v(t)$。令 $s(t)=90$，求出圆桶落入海底所需的时间 t_0，则 $v(t_0)$即为圆桶落入海底时的速度。这样就可以判断出这种处理核废料的方式是否安全。

【程序求解】

```
st＝dsolve('239.46 * D2s＝239.46 * 9.8－1035.71 * 9.8 * 0.2058－0.6 * Ds',
    'Ds(0)＝0, s(0)＝0', 't')
% 求位移函数
v＝dsolve('239.46 * Dv＝239.46 * 9.8－1035.71 * 9.8 * 0.2058－0.6 * v * v', 'v(0)＝0', 't')
% 求速度函数
t＝double(solve('90＝857554962173/5000000 * exp(－10/3991 * t)＋214872203/
    500000 * t－857554962173/5000000'))
% 求出圆桶落入海底所需的时间
```

运行结果：

```
s＝
857554962173/5000000 * exp(－10/3991 * t)＋214872203/500000 * t－857554962173/5000000
vt＝
214872203/500000－214872203/500000 * exp(－10/3991 * t)
t＝
12.99939781354047
```

此时，$v=13.70563163899925$(圆桶落入海底时的速度)，求出圆桶落入海底时的速度为 13.70 m/s。显然此时圆桶的速度已经超过 12.2 m/s，因此可以得出结论：这种处理核废料的方法不安全。

【案例评价】

本案例除了能用具体问题建立微分方程外，另一关键还在于求解方法，因此在处理某些实际问题时，还要根据实际问题的特点具体处理。

例 4.5　减肥问题(一阶可分离变量方程)。

【案例背景】

随着人们生活水平的不断提高，人们的饮食条件不断改善和提高，肥胖已经成为全社会关注的一个重要的问题。如何正确对待减肥是我们必须认真考虑的问题。

【问题提出】

减肥问题实际上是减少体重的问题。假定某人每天的饮食可产生 A(J)热量，用于基本新陈代谢每天消耗的热量为 B(J)，用于工作或劳动每天消耗的热量为 C(J/kg)。为简化计算，假定增加(或减少)的体重所需的热量为 D(J/kg)。求人体体重随时间的变化规律。

【问题求解】

设开始减肥时人体体重为 w_0，t 时刻(单位：天)的体重为 $w(t)$，且假定在任何一段时间内体重的变化全由人体的脂肪决定。

根据能量平衡原理，任何时间段内由于体重的改变引起的人体内能量的变化应该等于这段时间内摄入的能量与消耗的能量差，则在 $\mathrm{d}t$ 内由能量平衡原理，有

$$D\mathrm{d}w=[A-B-Cw(t)]\mathrm{d}t$$

记 $a=\dfrac{A-B}{D}$，$b=\dfrac{C}{D}$，则可得

$$\begin{cases}\dfrac{\mathrm{d}w(t)}{\mathrm{d}t}=a-bw(t)\\ w(0)=w_0\end{cases}$$

这是一阶可分离变量方程，解得

$$w(t)=\frac{a}{b}+\left(w_0-\frac{a}{b}\right)\mathrm{e}^{-bt}$$

这就是一个简单的减肥数学模型。

【案例评价】

由这个模型有以下结论：

(1) 由于 $\lim\limits_{t\to+\infty}w(t)=\dfrac{a}{b}$，故随着时间的增加体重将逐渐趋于常数 $\dfrac{a}{b}$，又 $\dfrac{a}{b}=\dfrac{A-B}{C}$，所以只要节制饮食，加强锻炼，调节新陈代谢，使体重达到希望值是很有可能的。

(2) 假设 $a=0$，即 $A=B$，则 $w(t)=w_0\mathrm{e}^{-bt}$，且 $\lim\limits_{t\to+\infty}w(t)=0$，这就是说，如果吃得太少，摄取的热量仅够维持新陈代谢的需要，时间长了就有生命危险。若 $a<0$，即 $A<B$，则结果也是相同的。

(3) 若 $b=0$，即 $C=0$，则方程变为

$$\begin{cases}\dfrac{\mathrm{d}w(t)}{\mathrm{d}t}=a\\ w(0)=w_0\end{cases}$$

方程解为 $w(t)=at+w_0$，且 $\lim\limits_{t\to+\infty}w(t)=+\infty$。这表明，如果只吃饭，不活动，不锻炼，身体就会越来越差，是非常危险的。

例 4.6 教育问题模型(一阶微分方程)。

【案例背景】

改革开放以来，我国的教育取得了深远的发展，教育理念也发生了重大的变化，比如高等教育逐步采取了收费制度并相对完善了资助政策。高等教育经费转变为由政府财政拨款、学校自筹、社会捐赠和学费收入等几部分组成，一方面减轻了国家的负担，另一方面也符合当下"谁获益谁出资"的大众看法。然而学费多少合适也随之成为一个敏感而又复杂的问题。

【问题提出】

现在我国各重点高校普通专业学费大约为 4000 元～6000 元，这样的标准是否合适？现在的问题就是如何综合考虑家庭可支付能力和学校的教学质量，提出一个合理的收费标准。

【问题求解】

学费过低会影响学校的教学质量，过高又会超过很多家庭的可支付能力，本例给出的模型要对以上两项做到统筹兼顾。

首先，我们看到现在有些高校由于收入与支出的不平衡而出现了大额的银行欠款，进而影响到其在社会中的声誉。很多教师和学生在通过比较后会选择声誉较好的学校教学或求学，显然上面提到的这类高校的教学质量会出现严重的下滑现象。所以高校教育学费标准的制定，首先要考虑的是保证学校的收支平衡问题。同时，大学收益的增加对其教学质量是有正相关的作用的。

其次，高校学费标准的制定必须考虑到学生家庭的可承受能力，而每个家庭的收入是不尽相同的。学费越高，无力支付这笔费用的家庭越多，它们之间可以认为是一个负相关的函数。

这样看来，建立两个目标函数进行最优规划是一个不错的选择，但两个目标的权重却难以确定。权衡之下，我们希望让家庭的可支付能力在学校的收益中得到体现，两个函数合并，模型会简单很多。

实际情况中，虽然现行学费不低，但高校入学率却居高不下。究其原因，国家助学贷款起到很大作用。为简化模型，本例把需要申请助学贷款的学生与因无力支付学费而放弃学业的学生归为一类，然后建立一个高校收益的模型。这样我们就可以把家庭的支付能力与高校的收益联系起来，进而通过对该模型的分析，确定一个合适的学费标准。

由于该问题实在太大，所以在模型的建立过程中，大量合理的假设是必不可少的，为了简化模型而适当忽略一些数据也是情有可原的。

(1) 学校的总支出与学生人数存在函数关系。

(2) 学校的年固定支出与在校生人数无关。

(3) 学校每年所接受的社会捐赠等收入与在校人数无关。

(4) 高校教育投入的多少完全量化了培养质量的高低。

【模型建立】

1. 考虑边际成本的收费模型

假设高校的非固定成本与学生数存在函数关系，设关系式为

$$B = cN^d \tag{1}$$

其中，c，d 是待定常数，N 是高校的学生数，B 是高校的非固定成本。该式表明，高校的非固定成本是随着在校生人数的增加而增长的。

边际成本是非固定成本对学生数的导数，公式如下：

$$F_m = \frac{\mathrm{d}B}{\mathrm{d}N} \tag{2}$$

式中，F_m 是边际成本确定的培养一个学生需要的非固定成本。该式确定了高校需要为每位学生投入的人均非固定成本。

考虑到高校的固定成本投入，得到最优学费标准为

$$F = F_m + \frac{T}{N} \tag{3}$$

其中，T 是高校的固定成本，F 是学生人均最优学费标准。

上面的结果明显忽略了一些很重要的影响因素，如国家生均拨款、社会救助和区域经济状况，所以必须对式(3)进行改进。改进方法是在方程的右边减去一个待定常数 a，常数 a 由上面提到的各因素决定。模型如下：

$$F = F_m + \frac{T}{N} - a \tag{4}$$

其中，a 为待定常数，表示国家和社会对学生的平均补助。该式表明，高校中人均所承担的费用应是人均非固定成本与人均固定成本之和减去国家和社会平均给每位学生补助的款项。

2. 基于盈亏平衡的学费模型

考虑到学校和家庭的利益，通过学校所收学费的盈亏情况，建立一个相应的盈亏模型。在把需借助国家助学贷款才能维持学业的学生与因无力支付学费而放弃学业的学生当作因高校收费过高而无力承担的同一类后，我们可以确定在校生数与学费之间存在一个简单的函数关系：

$$N = bF^e \tag{5}$$

式中，b 是待定常数，e 是学费弹性系数，其中 $e<0$。该式表明，高校的在校生人数是随着收费的增加而减少的。

学费收入：

$$H = F \times N = bF^{e+1} \tag{6}$$

高校总收入：

$$K = H + aN \tag{7}$$

将式(5)代入式(1)，得高校非固定成本：

$$G = cb^d F^{ed} \tag{8}$$

当总收入和非固定成本达到平衡时，学费最合理，得

$$H + aN = cb^d F^{ed}$$

即

$$bF^{e+1} + aN = cb^d F^{ed} \tag{9}$$

3. 考虑各方利益最大化的模型

高等教育的学费必须兼顾高校的发展和家庭的可支付能力两个方面，最优学费应该在保证尽量多的学生入学的同时尽量增加学校的收益，以使学校能有一定的资金用于学校的软硬件建设，提高教学质量。

本例假设学费弹性系数 e 是学费 F 的函数，且恒小于零，则式(6)可以改为

$$H = bF^{e(F)+1} \tag{10}$$

对式(10)两边取对数，然后关于 F 求导，得

$$\frac{\mathrm{d}H}{\mathrm{d}F} = b(e(F)+1)F^{e(F)} + bF^{e(F)+1}\ln F\,\frac{\mathrm{d}(e(F))}{\mathrm{d}F} \tag{11}$$

由于 H 关于 F 的导数值为零时，高校收益取得极大值，因此令 $\frac{\mathrm{d}H}{\mathrm{d}F}=0$，化简得

$$e(F) + 1 + F\ln F\,\frac{\mathrm{d}(e(F))}{\mathrm{d}F} = 0 \tag{12}$$

解上述微分方程，得

$$e(F) + 1 = \frac{k}{\ln F} \tag{13}$$

对式(5)取对数，得

$$e = \frac{\ln N - \ln b}{\ln F} \tag{14}$$

将式(14)代入式(13)，化简得

$$\ln F = k + \ln b - \ln N \tag{15}$$

得到保证学生数的情况下的最优学费：

$$F = \frac{be^k}{N_0}$$

其中，N_0 是可接受学生数，k 为积分常量。

【案例评价】

从学校教学质量、学校利益、学生利益三个方面综合选取指标，对以上三个学费制定方案模型进行综合评价。

设对 k 个决策目标进行 m 项指标综合评价，设其指标集为 A_{ij}（$i=1$，2，…，m；$j=1$，2，…，k），再对其进行如下标准化取值：

$$A_{ij}=\frac{a_{ij}-\bar{a}_i}{\delta_i}$$

其中：

$$\bar{a}_i=\frac{1}{k}\sum_{j=1}^{k}a_{ij}$$

$$\delta_i=\sqrt{\frac{1}{k-1}\sum_{j=1}^{k}(a_{ij}-\bar{a}_i)^2}$$

目标值：

$$B_j=\sum_{i=1}^{m}A_{ij}$$

其中，w_i是第 i 个指标的权重，B_j是根据层次分析模型计算出来的第 j 个决策目标的目标值。目标值越大，该学费制定方案越优。

项目小结

通过本项目的实施，学生应重点掌握以下理论和技能：

1. 用 MATLAB 软件调用函数，求解常微分方程。
2. 学会如何将微分方程应用到实际问题当中。
3. 学会用微分方程进行数学建模，解决实际问题。

思考与练习

1. 求微分方程 $(x^2-1)y'+2xy-\sin x=0$ 的通解。
2. 求微分方程 $y''-2y'+5y=e^x\sin x$ 的通解。
3. 求微分方程 $xy'+y-e^x=0$ 在初始条件 $y(1)=2e$ 下的特解，并画出解函数的图形。

参 考 文 献

[1] 王高雄，等. 常微分方程[M]. 北京：高等教育出版社，2001.
[2] 姜启源，谢金星，叶俊. 数学模型[M]. 北京：高等教育出版社，2003.
[3] 李大潜. 将数学建模思想融入数学类主干课程[J]. 大学数学，2006.
[4] 东北师范大学微分教研室. 常微分方程[M]. 北京：高等教育出版社，2005.
[5] 范明. 高等教育与经济协调发展[M]. 济南：社会科学文献出版社，2006.
[6] 李正. 中国研究型大学本科教育质量研究[M]. 广州：华南理工大学出版社，2006.
[7] 吴贻谷. 高等教育若干问题研究[M]. 武汉：武汉大学出版社，2005.
[8] 赵静，但琦. 数学建模与数学实验[M]. 2版. 北京：高等教育出版社，2003.
[9] 陈晓龙，邵建锋，施庆生，等. 大学数学应用[M]. 北京：化学工业出版社，2015.
[10] 云舟工作室. 数学建模基础教程[M]. 北京：人民邮电出版社，2001.
[11] 李志林，欧宜贵. 数学建模及典型案例分析[M]. 北京：化学工业出版社，2006.
[12] 杨桂元，李天胜，徐军. 数学模型应用实例[M]. 合肥：合肥工业大学出版社，2007.
[13] 陈汝栋，于延荣. 数学模型与数学建模[M]. 北京：国防工业出版社，2006.